Mineralien

Alles Wissenswerte über Edelsteine und Kristalle

Herausgeber: Hervé Chaumenton, Jean Arbeille
DTP: Nathalie Lachaud, Francis Rossignol, Isabelle Véret
Lithografie: Stéphanie Henry, Chantal Mialon

Übersetzung: Ulla Schuler, Frankfurt/M.
Fachlektorat: Gudrun u. Arne Willner, Bochum
Satz: Birgit Beyer, Köln
Redaktion: Kirsten E. Lehmann, Köln
Koordination: trans texas GmbH, Köln

ISBN 978-1-4054-8269-1
Printed in China

Mineralien

Alles Wissenswerte über Edelsteine und Kristalle

Jean-Paul Poirot

p

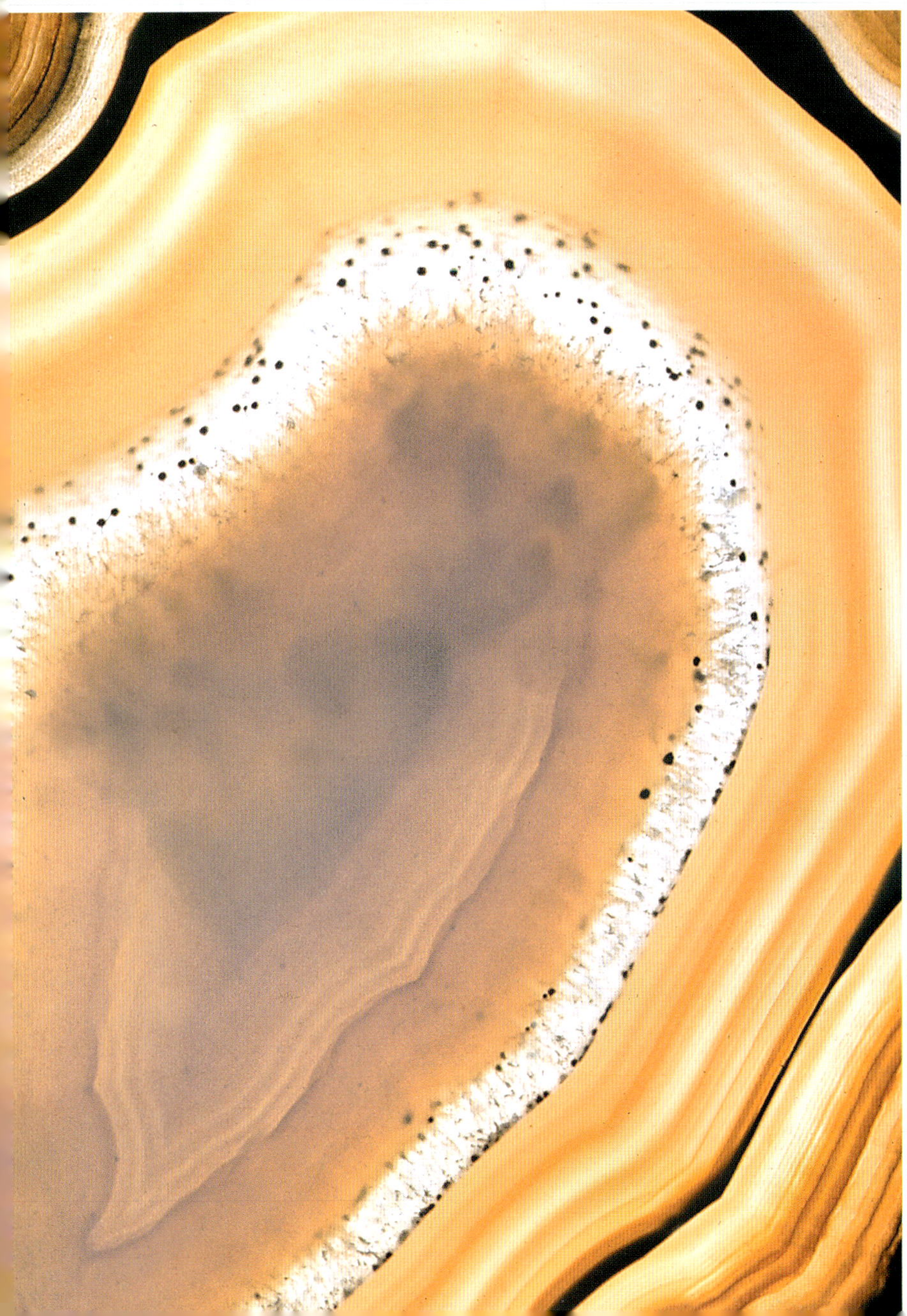

REISE IN DIE WELT DER MINERALIEN

Mineralien sind allgegenwärtig – wir brauchen uns dafür nur umzuschauen: Wem sind nicht schon die meist rechteckigen grau-weißen Steine mit ihren oft runden Mustern auf körnigem Grund auf Bürgersteigen aufgefallen? Wer hat nicht schon die bläulich schimmernden Steine betrachtet, die so manche Hausfassade zieren? Bei beidem handelt es sich um Mineralien, aus denen „Gestein" zusammengesetzt ist. Und wer hat nicht schon auf einer Bergwanderung solche Mineralien entdeckt, die entweder – ohne ersichtliche Ordnung – im grobkörnigen Gefüge von Granit verwachsen sichtbar waren oder auch mehr oder weniger deutliche Adern in Gneis bildeten oder aber Mineraleinschlüsse in der schwarz glänzenden Masse von Basalt? Manchmal erlauben die Bedingungen, unter denen Mineralien entstehen, diesen, frei zu wachsen. Dann überziehen sie natürliche Flächen, vor allem in Geoden – das sind mehr oder weniger umfangreiche Hohlräume in verschiedenstem Felsgestein: Wer hat nicht schon die kleinen Höhlen in Kieseln aus Kreidefelsen bestaunt, die mit winzigen Kristallen austapeziert sind, in denen sich das Licht der Sonne bricht? Geoden oder Erzdrusen können aber auch riesig sein und mitunter sogar die Größe eines Konzertsaals haben; solche mannsgroßen Drusen in den Alpen nennen die Mineraliensammler „Kristallhöhlen".

Die schön geformten Kristalle, die mit bloßem Auge gut zu erkennen sind (makroskopische Kristalle), werden seit jeher bewundert. Die strenge Anordnung ihrer Flächen zueinander verrät ihre nicht weniger strenge Anordnung im Inneren, die jedoch stets auch Spuren seltener Zwischenfälle erkennen lässt (unregelmäßige Stellen – Versetzungen, Fehlstellen in der Struktur – durch punktförmige Fehler im Bau des Kristallgitters, ähnlich einem Webfehler in Stoff; stellenweise Einlagerung eines fremden Elements in die chemische Struktur des Minerals, als ob beim Weben ein Kettfaden unpassender Länge verwendet wurde). Oft sind derartige Zwischenfälle, die infolge von Krafteinwirkung auf den wachsenden Kristall eintreten, Ausdruck des Lebens, das einem Mineral innewohnt, und sie machen es durch Einbringen unterschiedlich verteilter Farbnuancen einzigartig. Während das Mineral auskristallisiert, kann es auch „Stäube" aus der Umgebung einlagern oder im Inneren eine Kristallhöhle bilden, die sich mit zufällig vorhandenen Flüssigkeiten füllt. Alle diese (mikroskopisch kleinen) Einschlüsse verraten etwas über die Entstehungsbedingungen und charakterisieren die ursprünglichen Gegebenheiten, unter denen ein Mineral entstand.

Das Buch, das Sie in Händen halten, möchte Sie auf eine Reise ins Reich der Mineralien mitnehmen, die das Glück hatten, sich ungehindert zu wohlgeformten Kristallen zu entwickeln, also zu ungewöhnlichen Schönheiten. Am häufigsten kommen die meisten Mineralien gruppenweise aneinander gelagert in verschiedenen Felsen vor, und ihre freie Entwicklung war durch die Nachbarkristalle stark eingeschränkt … In diesem Buch werden nicht die auffallendsten Individuen porträtiert, sondern solche, denen Sie, wenn Sie Glück haben, auf Ihren Streifzügen, vor allem aber auf so genannten Mineralienbörsen begegnen können. Diese Steine sind ein Bild des Lebens unserer Erde.

Die Reise, auf die ich Sie mitnehmen werde, ist vor allem ein ästhetisches Erlebnis. Wir werden bei jedem Mineral zunächst die von den Mineralogen aktuell anerkannte kristallchemische Klassifikation kennen lernen, wobei sich die Erklärungen auf das Notwendigste beschränken, damit Ihnen als dem Reisenden die Eigenart jedes vorgestellten Minerals bewusst wird. Wissbegierige Leser finden im Anhang weitere Informationen über die Strukturformeln der vorgestellten Mineralien und ihre Stellung innerhalb der heute geltenden Klassifikation sowie über ihre Eigenschaften.

Links: Achatgeode mit eingelagerten kleinen Quarzkristallen

HIER MINERAL – DORT KRISTALL

König Minos von Kreta, dem griechischen Mythos nach Sohn des Zeus und der Europa, zwang die Athener, ihm alljährlich sieben Jünglinge und sieben Jungfrauen zu entsenden, die er dem Minotaurus zum Fraß übergab. In der Spätantike bezeichneten die Goldjäger Goldadern als *minae*, das im Latein des Mittelalters zu *minera* (Erzgang, Ader) und, davon abgeleitet, zu *mineralis* (Erz oder Gestein betreffend, mineralisch) wurde, und daraus entstand im Lauf der Jahrhunderte das Lehnwort Mineral. Streng genommen gilt der Begriff Mineral also nur für eine gänzlich natürliche Substanz.

Wenn ein Grieche der Antike in winterlicher Kälte zitterte, klagte er: *kryono*, das heißt: mich friert, mir ist kalt. Davon leitet sich das Substantiv *kryos*, Kälte, ab. Und eiskaltes, gefrorenes Wasser wird selbstverständlich zu *krystallos*, „ein Spross der Kälte" (vgl. *tallos*). Somit wird das sechseckige, pyramidenförmige Quarzprisma, das im Gebirge im Inneren einer Geode sitzt und sich kalt anfühlt, als im Lauf der Zeit verfestigtes Eis, *kristall*, bezeichnet.

„Kristall ist weiter nichts als Eis, das äußerlich im Lauf der Zeit erstarrte. So behaupten Gelehrte ganz zu Recht, dass ein Kristall kalt und beschaffen ist wie Eis", notierte Bischof Marbode von Rennes um das Jahr 1000 in seinem Lapidarium.

In der Folge wurden alle Körper, die im Naturzustand eine geometrische Form aufweisen, dem Begriff „Kristall" zugeordnet, der bald auch zum Gattungsnamen für die einzelnen Bestandteile dieser Körper wurde, was eine Präzisierung erforderlich machte: Bergkristall (farbloser Quarz), Smaragdkristall usw. Diese Kristalle wachsen oft als durchsichtige Gebilde auf Adern, etwa als transparente Knollen, die mit einem durchscheinenden bis lichtundurchlässigen Teil verankert sind, was zu Bezeichnungen wie „Gemmenkristall" (vom lateinischen *gemma*, Knospe, Auge) und „Amethystwurzel" usw. geführt hat.

Schon im Mittelalter konnten die Glasbläser schimmernde, farblose Gläser herstellen, indem sie der Glasschmelze Blei zufügten. Und wegen der Ähnlichkeit mit dem Bergkristall nannte man diese Werkstücke Bleikristall.

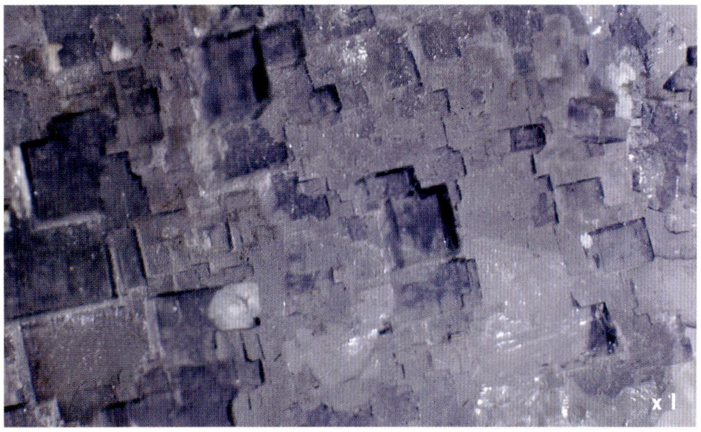

Oben: Fluoritwürfel
Unten: Spaltstücke von Kalzit

Unten: Amethystquarz

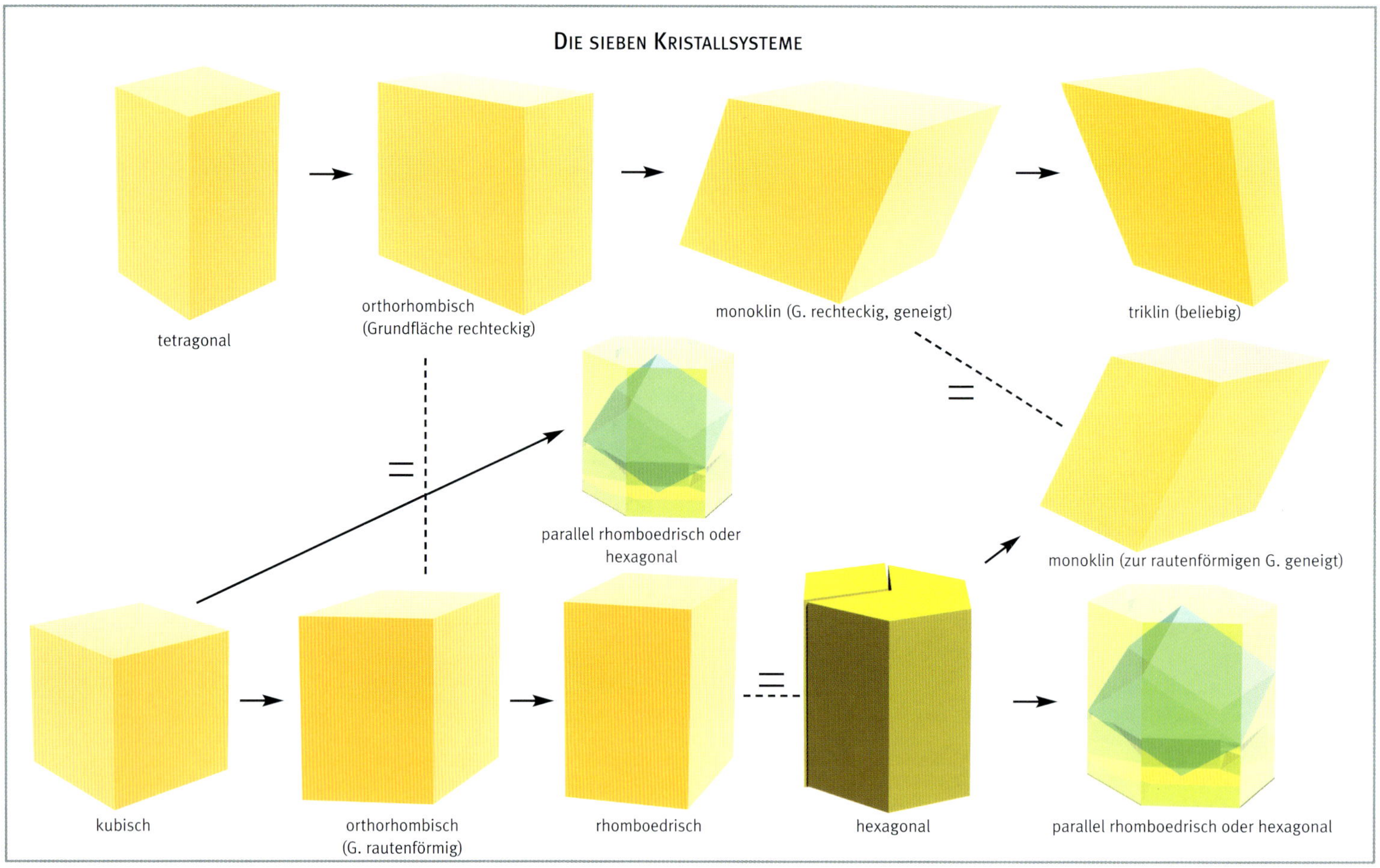

Heutzutage bezeichnet man besonders hochwertiges Glas mit mehr als 18 % Bleigehalt als Bleikristall (z.B. böhmisches Bleikristall). Glas mit Beimengungen von Barium-, Magnesium- und Zinkoxid und weit geringerem Bleianteil nennt man „Kalkkristallglas“ (Alkalikalkglas). Dazwischen liegt „Halbkristall“, das ist Kalkkristallglas mit niedrigem Bleigehalt. Bei der Extraktion von Meersalz und von Alaunen gelang es, künstliche Kristalle zu gewinnen. Heute ist die Herstellung von Kristallen aller Art Routine. Im Gegensatz zum Mineral ist ein Kristall aber nicht zwingend natürlich. Im Übrigen kann man einen natürlichen Kristall durch verschiedene Prozesse verändern. Deswegen sollte man sich stets fragen: Ist er natürlich, oder handelt es sich um ein Imitat, einen synthetischen oder einen modifizierten Kristall?

Verschiedene Kristalle, wie z.B. Kalzit, lassen sich leicht durch glattes Abtrennen spalten, das jeweils nach bestimmten Richtungen erfolgt, so genannten Spaltrichtungen. Wiederholtes Spalten in alle möglichen Richtungen führt schließlich zu einem einfachen Parallelepipedon, d.h. einem von drei Paaren paralleler Ebenen begrenzten geometrischen Körper: Beim Kalzit entsteht so ein Rhomboeder, beim Galenit ein Würfel usw. Ein Kristall kann folglich als Stapel eines dieser Parallelepipedone in die drei Richtungen des Raums betrachtet werden, wobei das kleinstmögliche die „Elementarzelle“ des Kristallgitters darstellt. Der Inhalt der Elementarzelle wiederholt sich selbstidentisch unendlichfach, und die Gesamtheit der Elementarzellen bildet ein Netz, das einem Gitter gleicht. Mit Hilfe von sieben möglichen Formen von Elementarzellen lassen sich sieben Kristallsysteme definieren, die von den äußeren Kristallformen bestätigt werden: das **kubische System** (Würfel bzw. Kubus), das **tetragonale System** (Würfel, der in einer Richtung gestreckt oder gestaucht wurde), das **orthorhombische System** (durch die Ecken gestreckter, parallel zu den Kanten abgeflachter Würfel), das rhomboedrische oder **trigonale System** (raumdiagonal gestauchter Würfel), das **hexagonale System** (nach zwei einander gegenüberliegenden Kanten gestauchter Würfel, sodass die Grundfläche eine Raute mit den Winkeln 60° und 120° wird, parallel zu diesen Ebenen auseinander gezogen oder abgeflacht), das **monokline System** (orthorhombisch zu einer Ebene hin geneigt) sowie das **trikline System** (orthorhombisch zu allen Flächen geneigt, ohne rechten Winkel).
Durch die Röntgenstrukturanalyse oder Kristallstrukturanalyse konnte die Existenz dieser Netze oder Gitter nachgewiesen und die Anordnung der Atome, welche die Elementarzellen bilden, präzisiert werden, womit 32 Gruppen der Symmetrie bestimmt wurden, die in den sieben Kristallsystemen verteilt sind: In jedem Kristallsystem gibt es ein oder mehrere Gruppen mit einer niedrigeren Symmetrie als die der beschriebenen Elementarzellen, was sich in makroskopischen Merkmalen äußert, wie etwa in der Ausrichtung der Streifen an der Oberfläche eines Pyritkristalls (siehe Seite 25, Abb. **9**).
Die Flächen eines Kristalls müssen nicht eben sein: Benachbarte Kristalle können sein Wachstum behindert haben, was bei kristallinem Gestein wie Granit vorkommt, in dem Quarz zwischen den Feldspäten wächst. Charakteristisch für

Unten: So genannter Bretonischer Kreuzstein, römischer Zwillingsstaurolith

Links: Chemische Sprödigkeit: Dieser Diamant von 0,53 Karat fiel aus Versehen in ein Holzkohlenfeuer und ist entsprechend seiner mehr oder weniger großen Reinheit (bedingt durch die verschiedenen Wachstumsphasen, die hier unbeabsichtigt erkennbar sind) verbrannt.
Oben: Mechanische Sprödigkeit: Diamant von 1,20 Karat, durch zufälliges Herabfallen gespalten (in 1,11 + 0,09 Karat); eine Klammer der Fassung wirkte dabei wie ein Spaltmesser.

einen Kristall ist seine Anordnung und Kohäsion, d.h. die Bindungen der Atome in seinem Gitter, die sich in seinem Innenraum unendlich wiederholen. Diese Kohäsion ist für die verschiedenen morphologischen Aspekte eines Kristalls, seinen so genannten Habitus, und für die verschiedenen Eigenschaften wie Spaltbarkeit, Härte, Sprödigkeit, Dichte, Glanz, Piezo- und Pyroelektrizität, Magnetismus und Radioaktivität verantwortlich. Die Störungen in der Regelmäßigkeit dieser Anordnung (Kristallgitterfehler, isomorpher Austausch eines fremden Ions oder Atoms von gleicher Größe, interstitielle Elemente, d.h. in Zwischengitterplätze eingebaute Ionen, Radikale oder sogar fremde Moleküle) sind im Allgemeinen für die Farbe und/oder elektrische Leitfähigkeit des Minerals verantwortlich.
Ein Mineral kann während seiner Entstehung Kristalle bilden, die in einer günstigen Richtung eng miteinander verwachsen. Sind es zwei, dann spricht man von Zwillingskristallen. Mehrere Kristalle können zu Mehrlingen verwachsen. Ein bestimmtes Mineral besitzt oft charakteristische Zwillinge oder Mehrlinge bzw. Viellinge.

Härte – Sprödigkeit

Unter Härte eines Kristalls versteht man seine Reaktion auf Ritzen oder Abrieb, während die Sprödigkeit die Eigenschaft bezeichnet, mechanischer, thermischer, oder chemischer Beanspruchung zu widerstehen. Ein harter Kristall ist meist spröde: Diamant wird nicht verkratzt, lässt sich aber spalten, und je nach einwirkender Beanspruchung lässt er sich schleifen, oder er bricht.
In der Mineralogie ist die Beurteilung der Sprödigkeit subjektiv, denn sie hängt von zu vielen Faktoren ab (wie Spaltbarkeit, Einschlüsse, Verunreinigungen); darüber hinaus führen solche Messungen von Sprödigkeit in der Industrie zur Zerstörung der jeweiligen Gesteinsproben. Ein Kristall, der Risse enthält, kann durch Einbringen von Kunstharz oder glasigem Kleber in die Risse verfestigt werden. Ebenso lässt sich ein zufällig gebrochener Kristall mit Hilfe von Kleber reparieren.

Die Bestimmung der Härte von Mineralien erfolgt in der Praxis meist nur qualitativ: Ein Mineral, das ein anderes ritzt, ist härter als dieses. Zwei Mineralien, die sich gegenseitig ritzen, sind von gleicher Härte. Man braucht daher nur Referenzmuster, um jedes Mineral zu testen. Die relative Härteskala besteht aus zehn Mineralien, die der Physiker und Mineraloge Friedrich Mohs (1773–1839) vorgeschlagen hat. Sie sind von 1 bis 10 nummeriert, wobei 1 für das weichste, das von allen weiteren, und 10 für das härteste Mineral gilt, das von keinem vorhergehenden geritzt wird. Ein Mineral, das ein Mineral der Härte 4 ritzt und von einem Mineral der Härte 5 geritzt wird, hat folglich auf der Mohs'schen Härteskala – so benannt nach dem deutschen Mineralogen Friedrich Mohs – den Wert $H = 4\,^1/_2$. H steht für Härte. Die Härte variiert immer geringfügig oder auch deutlich (bei Disthen), je nachdem, in welche Richtung der Kristall geprüft wird. Daraus lässt sich z.B. sicher ermitteln, wie Diamant zu schleifen ist. Die Mohs'sche Härteskala setzt sich wie folgt zusammen:

1 Talk
2 Gips (2–2 $^1/_2$ = Härte der menschlichen Fingernägel)
3 Kalkspat (Calcit)
4 Fluorit (Flussspat)
5 Apatit (etwa die Härte von weichem Stahl, z.B. alte Messer)
6 Feldspat (etwa die Härte von gewöhnlichem Fensterglas)
7 Quarz (6 $^1/_2$–7 = untere Grenze für Edelsteine)
8 Topas (Härte von synthetischem Spinell)
9 Korund (Härte von Schmirgel, das häufigste Schleifmittel)
10 Diamant

Unten: Die Mohs'sche Härteskala

Dichte

Die Dichte d misst das Gewicht eines Kristalls pro Volumeneinheit der Bezugsgröße Wasser (von 4 °C bei normalem Luftdruck), das per Definition den Wert d = 1 hat. Dieses so genannte spezifische Gewicht bezeichnet also den Quotienten aus Masse des Kristalls und Masse seiner Wasserverdrängung. Die dichtesten (schwersten) Mineralien sind die, deren Atome in dichtester Kugelpackung angeordnet sind (siehe Seite 211), wie Oxide (Korund, d = 4), Zinnstein, (d = 7) oder Sulfide (Galenit, d = 7,6), vor allem, wenn sie schwere Metallatome als Katione enthalten. Die Mineralien mit geringerer Dichte, also mit niedrigem spezifischen Gewicht, sind solche, deren Gitter große strukturelle Hohlräume, wie z.B. Zeolith (Chabasit, d = 2), oder eine lockere kristallchemische Struktur wie die Tektosilikate (Feldspat, d = 2,6) aufweisen. Besonders frappierend ist ein Vergleich der spezifischen Gewichte von Diamant (d = 3,5) und Graphit (d = 2,2).

Glanz

Unter dem Glanz (oder Feuer) versteht man die vom Betrachter wahrgenommene sichtbare Lichtmenge, die von der Oberfläche eines Kristalls reflektiert wird, im Verhältnis zu der von ihm aufgenommenen Lichtmenge. Natürlich hängt der Glanz von der Beschaffenheit dieser Oberfläche ab, wobei eine plane und glatte Fläche stärker glänzt als eine raue (infolge der Diffusion des Lichts in alle Richtungen). Außerdem ist der Glanz abhängig von der Anwesenheit freier Elektronen, die nicht direkt an die Atome oder Ionen des Kristalls gebunden sind. Bei Metallen, deren Kohäsion durch eine Elektronenwolke bestimmt ist, welche die Atomkerne insgesamt umgibt, wird der größte Teil des auftreffenden sichtbaren Lichts reflektiert, und dies bewirkt den „Metallglanz". Ist die Anzahl der freien Elektronen gering oder fehlen diese ganz (wie bei Kristallen mit ausschließlich kovalenten und Ionenbindungen, beispielsweise bei Diamant und Quarz), dann hängt der Glanz von der Verlangsamung des Lichtstrahls im Mineral ab, d.h. von der Schwierigkeit, das Mineral zu durchdringen. Dies ist durch die größere oder geringere Dichte der Materie bedingt, aus der das Mineral besteht (und auch durch die von den Atomen und Ionen erzeugten elektromagnetischen Felder des Kristalls), und zwar in dem Maße, dass der Kristall im Allgemeinen umso „lebhafteren" Glanz aufweist, je höher seine Dichte ist: Der Glanz oder das Feuer von Diamant und Korund bewegt sich zwischen „Glasglanz" und „Diamantglanz", während Quarz lediglich mit „Fettglanz" aufwartet.

Farbe

Die Farbe eines Minerals wird durch die Veränderung bestimmt, die das sichtbare Licht darin erfährt, nämlich durch Diffusion, Dispersion, Interferenz oder Absorption.

Das in Bezug auf seine sichtbaren Wellenlängen durch große Partikel in alle Richtungen gestreute Licht erzeugt je nach Größe, Form und Richtung der streuenden Partikel die Undurchsichtigkeit des gemeinen Opals oder milchigen Quarzes, das Schillern des Aventurins, das Farbenspiel von Falken- und Tigerauge (wie die Pupille des Katzenauges), den Glanz (Sternenglanz) des Saphirs, sei er natürlich vorhanden oder durch Hitzebehandlung erreicht, usw.

Je stärker die Streuung in einem Kristall, je größer die Unterschiede der Geschwindigkeit der verschiedenen farbigen Lichtwellen sind (dieses Phänomen ist im Allgemeinen an eine große Dichte der Materie gebunden), desto stärker erzeugt das weiße Licht durch Aufspaltung in seine Spektralfarben den Eindruck vom „Feuer" des Diamanten.

Während manche dieser „Farben" oder verschiedenen Wellenlängen sich verstärken und andere verschwinden, wenn sie auf Gitterflächen (bei Feldspat Entmischungen zwischen Orthoklas und Plagioklas) oder Kugeln (Opal) treffen, deren Dimensionen denen ihrer sichtbaren Wellenlängen analog sind, erzeugt das weiße Licht beim Mondstein Adularisieren (d.h. den milchig trüben bläulichen

Oben: Falkenauge (verkieselter Krokydolith)

Unten: Der Skapolith kommt in mehreren Farben vor.

Schimmer) und beim Edelopal und Spektrolith Irisieren (das Schillern in Regenbogenfarben).

Von manchen dieser Farben, die durch Absorption im Kristallgitter verschwunden sind, bewahrt das weiße Licht beim Austritt aus dem Kristall nur einen Teil und erscheint dadurch farbig. Diese Absorptionserscheinungen sind durch die Anwesenheit „freier Elektronen" bedingt, d.h., diese sind nicht mit einem anderen Elektron verbunden. Ein so genanntes freies Elektron kann ein überzähliges aus einer kovalenten Bindung sein (Anwesenheit von Stickstoff oder Bor im Diamant) oder auf einer unvollständigen Teilchenbahn mit einer ungeraden Zahl von Elektronen beruhen (z.B. bei Elementen wie Kupfer, Vanadium usw.). Sie können an ein Ion gebunden sein, das normalerweise in der Kristallchemie des Minerals vorhanden ist und, da es immer in nur einer Farbnuance vorkommt, als „idiochrom" bezeichnet wird (Malachit, Peridot, Russische Jade). In einem Mineral, das wegen seiner kristallchemischen Zusammensetzung theoretisch eigentlich farblos sein müsste, können die Elektronen an ein fremdes Ion gebunden sein, das ein normales Ion des Minerals ersetzt hat (isomorphe Substitution), oder aus einem Baufehler im Kristallgitter stammen: Dann kann das Mineral in verschiedenen Farben und Farbabstufungen auftreten, d.h., es ist „allochrom" (Diamant, Quarz, Korund, Beryll, Turmalin usw.).

Die Farbe eines allochromen Minerals kann sich ändern, indem die freien Ionen verschwinden oder durch eine Umorganisation des Gitters mit Hilfe verschiedener Wärmebehandlungen ihre Position ändern (dabei werden bräunliche oder gelbliche Diamanten farblos, farblose Saphire blau, lachsgelber Beryll zu Morganit, rötlich brauner Topas wird rosenfarbig, orangefarbener Turmalin zu rosa Rubellit, schrilles Meergrün wird zu Blau usw.) oder indem man durch Wärmebehandlung mit Hilfe von Bestrahlungen freie Elektronen einführt (bräunlicher oder gelblicher Diamant wird gelb, farbloser Topas blau, Bergkristall zu Rauchquarz usw.).

Strich

Die Strichfarbe oder Pulverfarbe eines Kristalls kann eine wertvolle Hilfe sein, um dunkle Kristalle vor allem von Oxiden (z.B. Hämatit) sowie Sulfiden und Arseniden (z.B. Nickelin) zu bestimmen, denn sie zeigt die echte Farbe des Minerals ohne Trübungen und ohne Oberflächen-Oxidationsbeläge. Am besten lässt sich die Strichfarbe erkennen, indem man mit dem Mineral über ein Stück unglasiertes weißes Porzellan streicht, daher auch der Begriff „Strichfarbe".

Lumineszenz

Zahlreiche Kristalle senden unter schwarzem Licht (lange UV-Strahlen) infolge der Elektronenkonfiguration bestimmter Ionen oder Ionenbindungen ein sichtbares farbiges Licht aus (Lumineszenz). Eisenhaltige Mineralien sind nie lumineszierend, denn das Fe-Atom schluckt die Emissionen der Nachbarn durch den „Tunneleffekt": Es ist sozusagen „Gift" für die Lumineszenz. Die Lumineszenz , wie sie das ultraviolette Licht des Sonnenspektrums mittags hervorruft, erhöht eindeutig die Schönheit von Edelsteinen: blau bei manchen farblosen Diamanten, rot bei manchen blutroten Rubinen. Wenn die Lumineszenz weiter besteht, nachdem die auslösende Lichtquelle nicht mehr vorhanden ist (Extinktion des schwarzen Lichts), spricht man von „Phosphoreszenz".

Piezo- und Pyroelektrizität

Unter Druck oder Hitze entwickeln einige Mineralien statische Elektrizität an manchen Kristallflächen. Dies gilt besonders für den Turmalin, den holländische Seeleute des 17. Jahrhunderts „Aschentrecker" nannten, weil sie diese Eigenschaften der Turmalinprismen nutzten, um ihre Pfeifen zu putzen. Heute nutzt man diese Eigenschaft vor allem in Quarzuhren.

Radioaktivität

Manche Kristallgitter können radioaktive Elemente (Uran, Thorium) einbauen und verwandeln sich im Lauf der Zeit unter Emission von Alpha- und/oder Beta- und/oder Gamma-Strahlen (z.B. Autunit). In manchen Mineralien, die mit Neutronen bestrahlt werden, um ihre Farbe zu verändern, bleibt eine Restradioaktivität erhalten, die ebenso gefährlich sein kann wie die natürliche Radioaktivität, wenn nicht gefährlicher, wenn man sich längere Zeit in Reichweite solcher Steine aufhält (schwarz gewordener gelblicher oder bräunlicher Diamant, blau gewordener farbloser Topas, irisierender Alexandrit aus irisierendem Chrysoberyll usw.).

Die natürliche Radioaktivität mancher Kristalle kann deren kristalline Struktur zerstören und sie amorph machen – dann spricht man von „metamikten" Kristallen. Dies gilt vor allem für Monazit und thoriumhaltige grüne Zirkone.

Unten: Autunit ist radioaktiv.

1

x 1

2

x 1

3

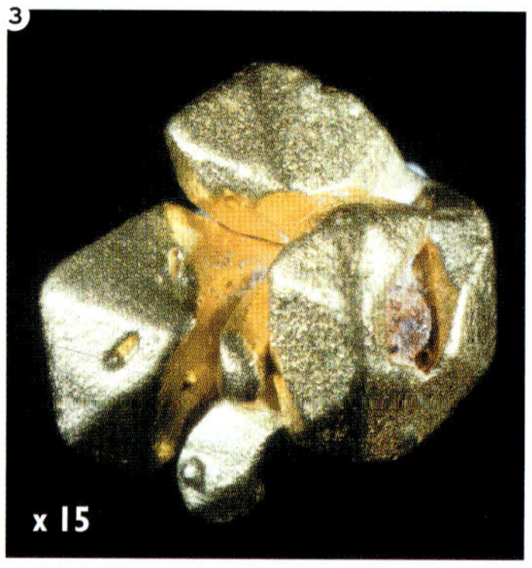

x 15

4

x 3

5

x 5

6

x 10

Gold – Quecksilber

Gold ist das erste Metall, das Menschen verarbeiteten, und bei den präkolumbianischen Zivilisationen das einzige. Man findet es in Schwemmsand von Flüssen in Form von so genannten Nuggets. Dies sind durch den Transport im Fluss verschieden geformte Agglomerate, die z.B. einem Schmetterling ähneln **(4)**. Künstliche Goldklumpen wurden nach einem Granulationsverfahren hergestellt, das dem der Etrusker (5. Jh. v.d.Z.) ähnelte. Goldhaltige Quarzgänge, in denen das Gold zwischen den Quarzkörnern **(2)** verstreut ist oder sich in Form mehr oder weniger großer Büschel angesammelt hat **(1 und 2)**, wurden jedoch bereits seit den ersten ägyptischen Dynastien (3. Jahrtausend v.d.Z.) ausgebeutet. Gold kann auch in regelmäßigen Oktaedern auskristallisieren **(3)**. Manchmal findet man Gold auch an der Oberfläche von Gängen mit Kupfer, Blei und Zink, wo es so genannte Blätter bildet, auf denen man flache dreieckige Aufwuchszonen erkennt **(6)**. Gold ist ein Edelmetall – also kostbar; es ist die „Königin der Metalle", denn in normaler Umgebung ist es chemisch inert (geht keine Reaktion ein) und wird nur durch ein Gemisch aus Salpetersäure und Salzsäure, das „Königswasser" oder Goldscheidewasser, angegriffen. Dagegen hat Gold eine gewisse Affinität zu Quecksilber, mit dem es ein Amalgam bildet, das sich unter Hitze zersetzt. Diese Eigenschaft wurde früher genutzt, um Gold rein zu gewinnen. Gediegenes **Quecksilber** findet man in den oberen Schichten von Zinnobervorkommen, wo es in Tröpfchen hervorrinnt **(5)**.

Kupfer

Die grün-graue Oxidationsschicht von **Kupfer** bildet eine Patina an der Oberfläche, die es vor weiteren Veränderungen schützt. Man findet gediegenes Kupfer noch in zutage getretenen unteren Schichten von Kupferlagerstätten. Das Metall hat dem Chalkolithikum, der Kupferzeit, den Namen gegeben; die oberflächennahen Lagerstätten wurden bis heute weitgehend ausgebeutet. Einzelne schöne Kupferkristalle findet man selten. Vielmehr kommen sie vorzugsweise in komplexen Aggregaten aus Würfeln und Rhombododekaedern vor **(1)**. Diese Kristalle verwachsen oft dendritisch miteinander **(4)**, bis sich Blätter bilden können **(6)**. Herausgelöst erinnert die erhaltene Form an vertraute Dinge, z.B. einen Truthahn **(2)**. Manchmal wirkt die Masse gediegenen Kupfers schwammig **(3)**, oder sie umschließt verschiedene Elemente des ursprünglichen Minerals wie eine Brandruine **(5)**. Zuweilen setzt die Erosion einen Kupferklumpen frei, der sich dann wie ein Nugget in angeschwemmtem Flusssand ablagert, obwohl Kupfer wegen seiner chemischen Bindungsfähigkeit kein Edelmetall ist.

1

2

3

4
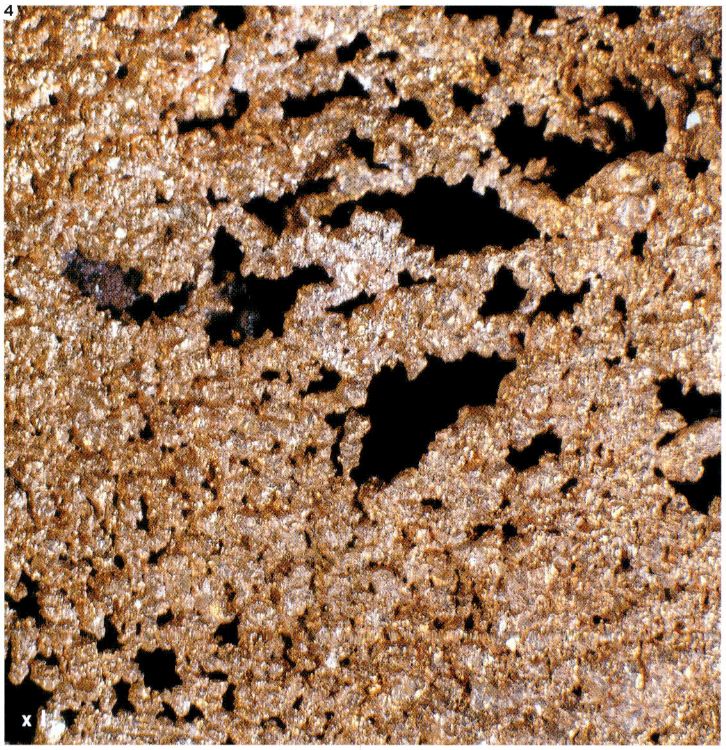

5

6

Silber - Platin

Zur Umgebung besitzt **Silber** kaum chemische Affinitäten, außer zu Schwefel (durch Schwefel, S, läuft Silber, Ag, an) oder zu Quecksilber, mit dem es Amalgame bildet wie **Kongsbergit**, das als Kubus mit Rhombododekaederflächen **(3)** auskristallisiert.
Silber kommt meist in oberflächennahen Zonen silberhaltiger Erzgänge vor, hier gern dendritisch verästelt und bänderförmig wie ein Diadem aus reinem Silber, das einen **Barytkristall (1)** krönt. Diese Neigung kann zu gewundenen Formen führen, die an Fabeltiere oder Chimären erinnern **(8)**. Mehr oder weniger dicht erscheinen die Silberfäden mal zerzaust, mal wie Knäuel **(2)** gewickelt. Unechte Silberfäden wurden auf präparierten Gesteinsschichten arrangiert, um Unkundige zu täuschen.
Zu Aggregaten verwachsene Silberkristalle erinnern an Festungen **(7)** oder an Schmetterlinge **(6)**. Werden diese Aggregate durch Erosion herausgelöst, können sie mitunter alluviale Nuggets bilden.
Als die Spanier im Jahr 1601 im heutigen Kolumbien Klumpen eines gediegenen Metalls fanden, das wie Silber aussah, aber doppelt so dicht und viel schwerer zu schmelzen war, nannten sie es „kleines Silber", spanisch *platina*, und dieser Name ist dem Edelmetall **(5)** geblieben. Sehr selten kommt **Platin** auch in millimeterkleinen kubischen Kristallen vor **(4)**.

1

2

4

3

5

6

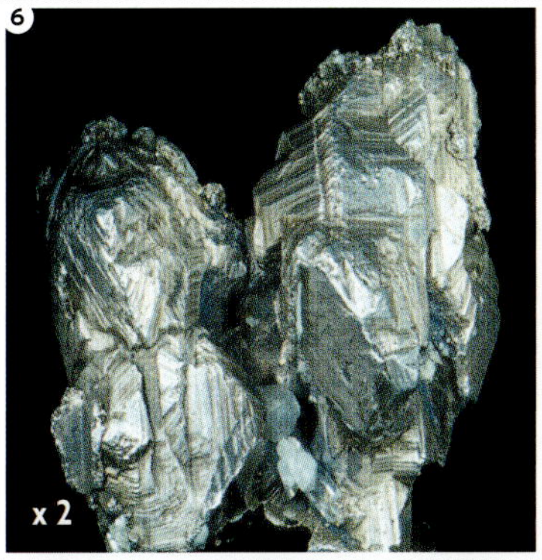

x 2

7

x 3

8

x 15

1

2

3

4

5

6
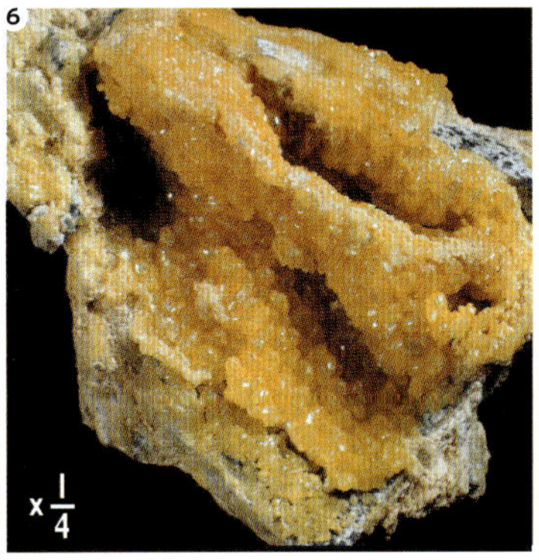

7

8

9

Halbmetalle und nichtmetallische Elemente

Die seltenen Kristalle reiner **Halbmetalle** zeigen frischen Metallglanz, dunkeln aber mitunter schnell nach. Die oft dimorphen **nichtmetallischen Elemente** zeigen eher matten Glanz.

Reines **Arsen** bildet fein kristallisierte krustige und stalaktitische Aggregate, die an der Luft rasch matt und dann schwarz **(1)** werden.

Dagegen behält gediegenes **Antimon** seinen metallischen Glanz; es bildet dichte kubische Kristalle **(2)** oder blättrige Aggregate **(4)**, hauptsächlich in Gängen, die Antinomit (Grauspießglanz oder Stibnit), Kobalt, Nickel und Silber führen. Grauspießglanz (Antimonsulfid) und weiße Antimonoxide wie Valentinit sind mitunter Begleitmineralien von dichtem Antimon **(3)**.

Reines **Wismut** bildet im Allgemeinen vernetzte, skelettförmige Kristalle. Künstliche Wismutkristalle lassen sich leicht im Labor züchten **(10)**.

Reines **Tellur** bildet fein kristallisierte silbern glänzende Massen **(5)**.

Schwefel entsteht als Exhalationsprodukt oft in sehr kleinen Kristallen – als Mischung einer hitzebeständigen Varietät (über 95 °C) mit der häufigeren Niedrigtemperatur-Modifikation **(6, 7)**. Die schönen gelben Schwefelkristalle in Doppelpyramidenform **(8)** sind meist biologisch entstanden und in Sedimentgestein anzutreffen.

Der Durchläufer **Graphit** kommt oft als dünne Schichten in Gneisen vor **(9)**.

10

Diamant

Nach seiner Entstehung im oberen Mantel in etwa 200 km Tiefe gelangt der **Diamant** durch vulkanische Explosionen als Kimberlit oder Limburgit an die Erdoberfläche. Man findet Diamanten in so genannten Seifen, das sind Schwermineralablagerungen in Flüssen. In solchen Seifen wurden Diamanten bereits im 2. Jahrtausend v.d.Z. von drawidischen Stämmen in Indien entdeckt, und seither faszinieren sie die Menschen. Der weltweit benutzte Name leitet sich – wegen der extremen Härte des Minerals – vom griechischen *adamas* (der Unbezwingbare) ab, mit dem die Zeitgenossen des Perikles im 5. Jh. v.d.Z. den Werkstoff für die Waffen der Götter bezeichneten.
Heute sind die Einschlüsse in Diamanten unsere Erkenntnisquelle über die Natur der Erdrinde, die sich uns schwerer erschließt als die Oberfläche der Planeten.
Der regelmäßige Oktaeder, auf dessen Flächen dreieckige Anlagerungen oder Verwachsungen vorkommen können **(3)**, ist die Urform der Diamantkristalle **(9)**, aus der sich der Rhombododekaeder bilden kann **(1, 2)**. Den Übergang erkennt man leicht an Kristallen, deren glatte Oktaederfächen von Rhombododekaederflächen mit Wachstumsstreifen **(5)** begrenzt sind. Manche Kristalle mit konvexen Flächen sehen leicht kugelig aus **(4)** oder erinnern an Reiskörner **(7)**. Zwei orientiert verwachsene Oktaeder bilden durch Bevorzugung einer Fläche eine dreieckige Platte **(8)**. Zwei Kristalle können auch beliebig miteinander verwachsen sein **(5)**. Beim Sortieren für die Verarbeitung zu Schmuck werden die Diamanten nach der äußeren Form klassifiziert in *stones*, Steine, und *sawables*, zum Schleifen (Oktaeder **3, 9,** und Dodekaeder **1, 2**), in *flats*, Platten **(8)**, oder *makables*, beliebige Form **(6)**, in *cleavages*, die vor dem Schliff gespalten werden, und in *macles* **(5)** (Zwillinge oder Mehrlinge).
Heutzutage werden mehr als zwei Gramm wiegende künstliche Diamantkristalle sowohl für die Industrie als auch für das Juwelierhandwerk synthetisch hergestellt. Diamant wird vielfältig imitiert, neben Strass (aus Bleiglas) werden Granatstrass und verschiedene farblose künstliche Kristalle im Juwelierhandwerk als Diamantimitate verwendet: Korund, Spinell, Strontiumtitanat, Yttriumaluminat, Zirkonoxid und seit 1998 auch Morsanit (Siliziumkarbid), der zuvor als Schleifmittel eingesetzt wurde, um die Einebnung der künstlichen Stufen beim Treppenschliff zu verringern.

1 x 5

2 x 5

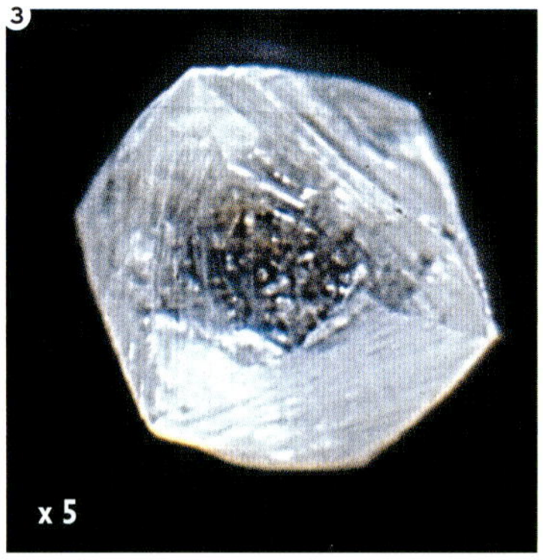
3 x 5

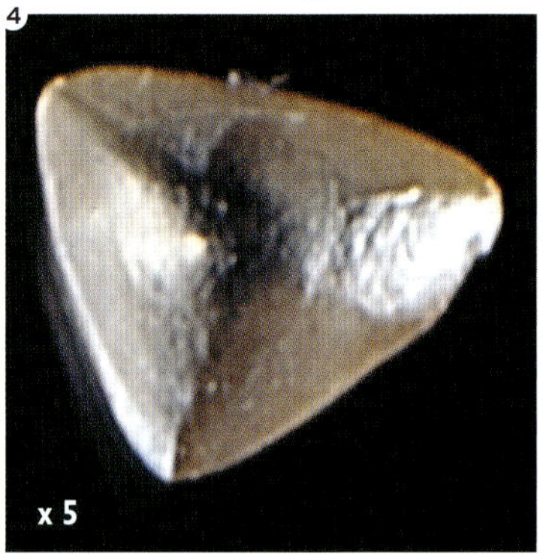
4 x 5

5 x 20

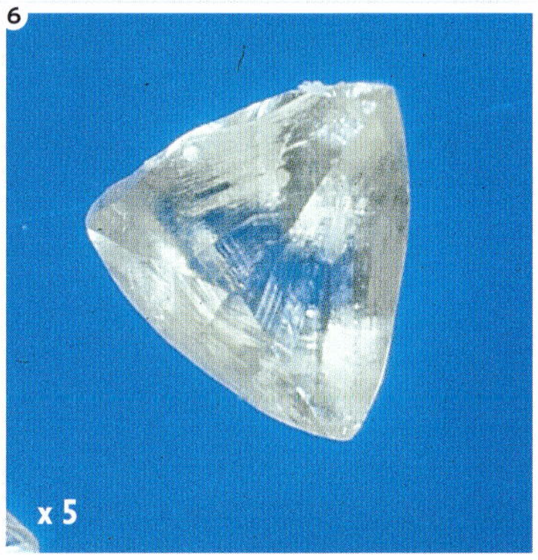
6 x 5

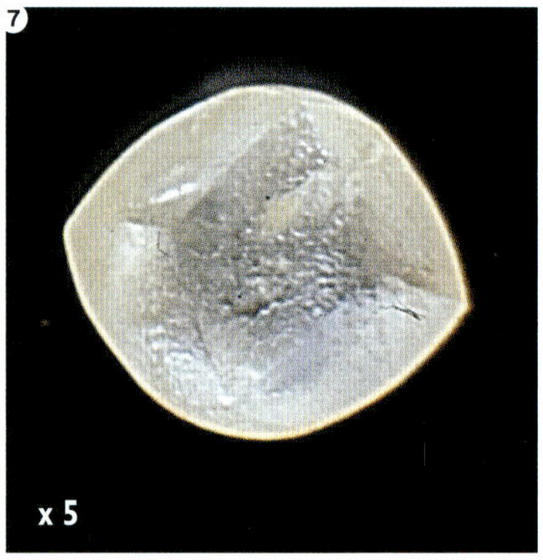
7 x 5

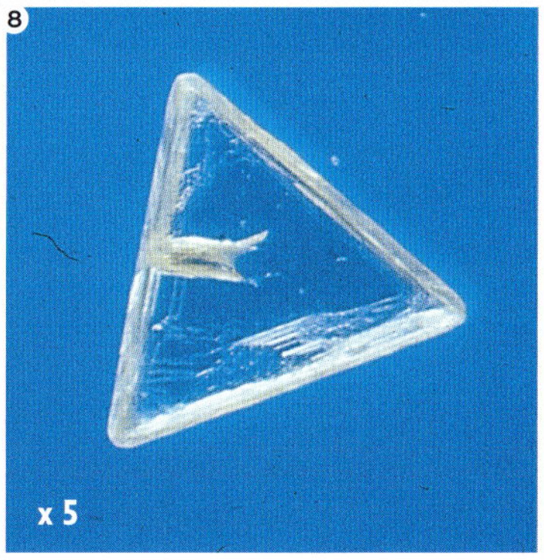
8 x 5

9
x 5

1

x 1/2

Galenit

Bereits vor 5000 Jahren wurde **Galenit** (Bleiglanz) im altägyptischen Reich zur Herstellung schwarzer Augenkosmetik verwendet und ist heute noch im Mittleren Orient und im Maghreb Bestandteil von Khol.

Galenit ist das wichtigste Bleimineral und ist häufig mit Silber vergesellschaftet; früher wurde es vor allem wegen des Silbers und weniger wegen des Bleis abgebaut. Mancherorts wird der Silberabbau bis heute aufrechterhalten.

Die Eckpunkte des kubischen Gitters sind abwechselnd von Pb^{2+}- und S^{2-}-Ionen besetzt. Die vollkommene Spaltbarkeit des Kubus kann zu treppenartigen Brüchen führen. Galenit kommt oft in Form schöner, Zentimeter bis Dezimeter großer kubischer Kristalle vor **(7)**, als Oktaeder **(8)**, als Kuboktaeder **(1)**. Sie überziehen zuweilen große Flächen und kristallisieren in Gängen (z.B. als Kuben in Quarzit, **2**). Tafelige Kristalle können wie blättrige Massen aussehen **(4)**. Die vollkommene charakteristische Spaltbarkeit lässt die Spaltflächen treppenförmig aussehen **(7)**. Manchmal durchdringen sich die Kristalle gegenseitig zu Zwillingskristallen **(3)**. Häufig findet man körnige Massen mit glänzenden Spaltflächen **(5, 6)**. Sie wurden wegen des Bleigehalts abgebaut, aber vor allem wegen des Silbers, das sich in beachtlichen Mengen als Sulfid in Galenit eingeschlossen findet (der durchschnittliche Silbergehalt einer Tonne Galenit beträgt gut 100 Gramm; im Einzelfall kann der Gehalt jedoch zwischen null und mehreren Kilogramm liegen).

2

x 1/2

3

x 3

4

x 1,5

7

x 1

5

x 1/2

6

x 1

8
x 10

Pyrit – Hauerit – Pyrrhotin

Die „heißen" Funken von abgeschlagenem **Pyrit** können entzündliches Material entflammen: Im Gallischen Krieg (58–51 v.d.Z.) trugen römische Patrouillen Werg und Pyrit (vom griechischen *pyr*, Feuer) im Marschgepäck.

An den Eckpunkten und im Zentrum des kubischen Kristallgitters von **Pyrit** befinden sich kovalente Elektronenpaare $(S\text{-}S)^{2-}$, die abwechselnd im Winkel von 90° zueinander stehen und durch Fe^{2+}-Ionen abgesättigt werden. Die Schwefelpaare bilden um jedes Eisenkation regelmäßige Oktaeder. Durch diesen Aufbau entstehen die Streifen auf den Flächen der Pyritkristalle (**„Pyrittriglyph", 9, 11, 12**). Der typische Pyritkristall ist ein Pentagondodekaeder oder **„Pyritoeder" (4)**. Pyritkristalle können zu einem „Eisenkreuz" miteinander verwachsen. Sie können sich aber auch zu Mehrlingen vereinigen **(9, 11)** oder zu einer Kugel, die mit spitzen Kristallecken gespickt ist **(8)**. Manchmal findet man radialstrahlige Kugeln (Pyritsonnen) oder Scheiben **(Pyritdollar, 2)**. Auch knollige Konkretionen kommen vor **(1, 3)**. An der Luft können Pyritproben zu Sulfat oxidieren, wodurch ihr Metallglanz deutlich gemindert wird **(4, 9)**. Pyritfossilien sind keine Seltenheit (Fisch, **6**).

Wird das Eisen Fe^{2+} im Pyrit durch Mangan Mn^{2+} ersetzt, dann entsteht **Hauerit** in oft zentimetergroßen Kuboktaedern **(5)**.

Im **Pyrrhotin** wird die dichte hexagonale Kugelpackung der S^{2-}-Ionen durch Fe^{2+}-Ionen, die teilweise zu Fe^{3+} oxidiert sind, ausgeglichen; daraus resultiert ein Habitus aus flachen hexagonalen Prismen und Doppelpyramiden **(7)**, deren Metallglanz, anders als bei Pyrit, rosa überhaucht ist. Pyrrhotin findet man jedoch meist in körnigen dichten Massen **(10)**.

3

x 1

4

x 4

1

x $\frac{1}{2}$

2

x $\frac{1}{2}$

5

x 2

6

x $\frac{1}{2}$

7 x 2

8 x 1/2

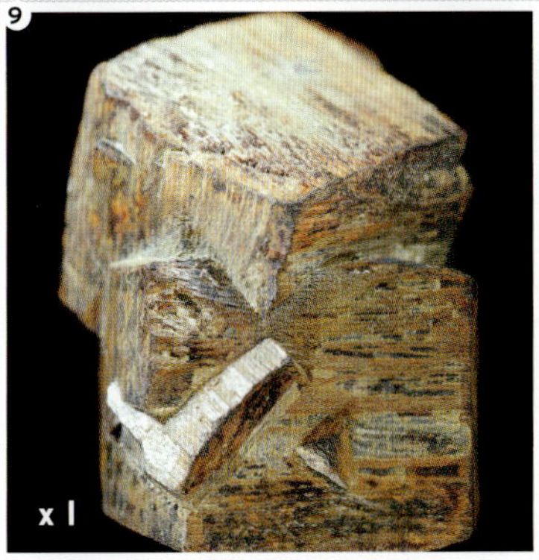
9 x 1

10 x 1

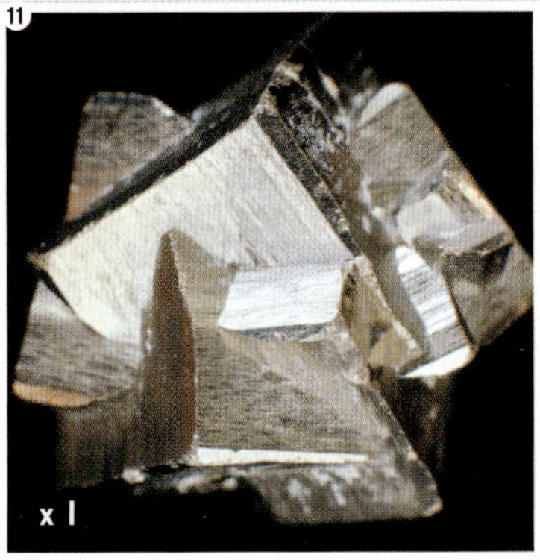
11 x 1

12 x 2

1

x 1

2

x 3

Markasit

Die Struktur von **Markasit** ähnelt einem ungleichmäßig zu einem rechteckigen Parallelepipedon auseinander gezogenen Pyrit mit kovalenten Elektronenpaaren $(S\text{-}S)^{2-}$, die abwechselnd im Winkel von 90° zueinander angeordnet sind und an den Eckpunkten und im Zentrum des orthorhombischen Gitters sitzen, umgeben von Fe^{2+}-Ionen, die um jedes Paar orthorhombische Bipyramiden bilden.

Markasit kristallisiert in mehr oder weniger rautenförmigen, tafeligen Kristallen, die „hahnenkammartig" miteinander verwachsen sind **(2)**. Prismen mit rautenförmiger Grundfläche **(9)** sind ziemlich selten. Es können kugelige Kristallhaufen entstehen, die an der Luft korrodieren, indem der Schwefel oxidiert **(4)**; die tafeligen Kristalle können in knolligen Aggregaten beieinander liegen **(8)**. Manchmal verbinden sich fünf Kristalle zu einem Mehrling, in dem nicht immer ein fünfeckiges Gebilde erkennbar ist **(3)**. Meist ist die Oberfläche des Markasits feinfaserig **(7)** und bildet kugelige radialstrahlige Massen **(1, 5)**, die hauptsächlich in Kalk und Mergel vorkommen. Diese gewölbten Kugeln, an deren Oberfläche jedoch einige Kristallspitzen zu erkennen sind **(6)**, galten lange als Meteoriten, die bei Gewitter und Blitzen aus dem All niederschlagen würden, weshalb sie auch „Donnerkugeln" genannt werden. Abgesehen von ihrem etwas geringeren spezifischen Gewicht sind sie von den Pyrit-Donnerkugeln nur durch ihre blassere Farbe zu unterscheiden.

5

x 1

3

x 2

4

1/2

6

7

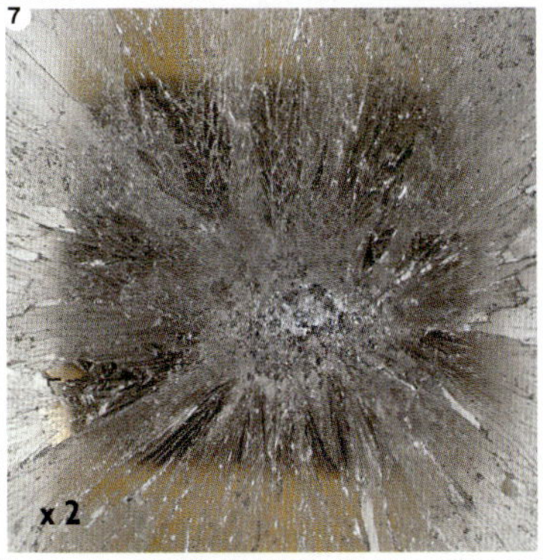

8

9

Sulfoarsenide (Arsen-, Eisen-, Kobalt-, Nickelsulfide)

Einem Aberglauben des Mittelalters zufolge kommt und geht Kobold, der listige Berggeist, nach Lust und Laune und verwandelt das Mineral Kupfer in unbrauchbares Mineral. Darauf geht der Name Kobalt zurück. Nickel war ursprünglich ebenfalls eine Bezeichnung für einen Bergkobold: Schwedische Bergleute nannten ein Nickelerz „Kopparnickel", aus dem sie vergeblich Kupfer zu gewinnen versuchten.

Kobaltblüte oder **Erythrin (8)** entsteht durch Ersatz von Eisen und der Hälfte des Schwefels im Pyrit durch Kobalt und Arsen. Die Form der Kristalle ähnelt denen des Pyrits.

Die Oxidation eines Teils von Co^{2+} und Co^{3+} begleitet den vollständigen Ersatz des Schwefels in der Kobaltblüte durch Arsen. Das kubische Kristallgitter von **Skutterudit (5, 7)** enthält an jedem Eckpunkt ein Kobaltatom sowie bei elf oder zwölf von 16 Zentren eine ringförmige kovalente Arsengruppe $(As_4)^{4-}$; seine Kristalle gleichen denen des Pyrits.

Arsenopyrit oder Arsenkies **(1)**, **Löllingit (4)** und **Glaukodot (6)** leiten sich entsprechend von Markasit ab, wobei der Schwefel zur Hälfte oder ganz durch Arsen bzw. Schwefel und Eisen durch Kobalt ersetzt sind. Die Kristalle sind länglich, mitunter oktaedrisch (Arsenopyrit), manchmal faserig-strahlig (Löllingit).

Beim **Ullmanit (3)** ist in der Pyritstruktur das Eisen durch Nickel und die Hälfte des Schwefels durch Antimon ersetzt; es hat die Form von Pyrit – mit Triglyphen, Pyritoedern und (selten) Oktaedern.

Nickelin (9) leitet sich von Pyrrhotin ab, in dem das Eisen durch Nickel ersetzt ist. Der verwandte **Millerit (10)**, auch „Haarkies" genannt, bildet feine haarförmige Aggregate. Eine kompakte Packung von Schwefel S^{2-}, der durch Co^{2+}- und Co^{3+}-Ionen abgesättigt wird, bildet das Gitter von **Linneit (2)** (Kobaltkies) mit meist oktaedrischen Kristallen.

1

x 2

2

x 1

3

x 3

4

x 2

5

x 3

6

x 1

7

x 3

9

x 3

10

x 2

8

x 10

Sphalerit – Greenockit

Sphalerit (vom griechischen *sphaleros*, täuschen) sollte die Bergleute irreführen, sodass sie das Mineral für den silberhaltigen Galenit hielten. Darauf weist auch der deutsche Name **„Zinkblende“** hin. Das Mineral kommt in verschiedenen Farbnuancen vor, vom schwarz-braunen Marmatit **(2, 4)** bis zu honiggelben Blenden **(3, 5)**, in denen das Zink teilweise durch Eisen sowie Mangan und Kadmium ersetzt ist. Schwefel S^{2-} bildet eine kubisch dichteste Packung, und Zink Zn^{2+} sitzt in jeder zweiten Tetraederlücke dieser Packung, sodass jedes Zinkion tetraedrisch von vier Schwefelionen umgeben ist und umgekehrt, wodurch sich viereckige oder achteckige Strukturen ergeben **(8)**, durch Kombination von zwei inversen Tetraedern spaltbare **(1)**, zuweilen kugelige Aggregate.
Die Zinkblende bildet oft faserige, schalenförmige Strukturen **(7)**. Makroskopisch ist sie dann nicht vom **Wurtzit** zu unterscheiden, einer „hexagonalen Blende“, in der die Schwefelatome hexagonal dichtest gepackt sind. Wechselnde Lagen aus Sphalerit und Wurtzit werden **Schalenblende** genannt.
Greenockit (6) hat die gleiche Struktur wie Wurtzit, doch ist das Zink hier durch Kadmium ersetzt, und es ist im Allgemeinen von einer leuchtend gelben pulverigen Schicht überzogen. Manchmal bilden sich auch millimetergroße pyramidenförmige Kristalle aus.

1

2

3

4

5

6

7

8
x 10

Chalkopyrit

Im Namen **Chalkopyrit** oder „Kupferpyrit" (Kupferkies) verbirgt sich die Herkunft des Minerals: die Insel Zypern, die in der Antike als Geburtsort der Aphrodite ebenso berühmt war wie für ihre Kupferlager.

Die Struktur dieses wichtigsten Kupfererzes entspricht der der Zinkblende (mit der zusammen es oft vorkommt), bei der das Zink je zur Hälfte durch Eisen und durch Kupfer ersetzt ist. Wie Zinkblende kristallisiert Kupferkies häufig tetraedrisch **(4)**: ein Tetraeder, der hier leicht zu einem Sphenoeder mit matten streifigen Flächen „verzogen" **(2)** und mit Ecken ausgestattet ist, die oft zu kleinen schimmernden Flächen eingeebnet sind. Meist jedoch ist Chalkopyrit derb **(3)** und an der Oberfläche trüb-gelb angelaufen. An der Luft läuft derber Chalkopyrit in den Farben des Kupfers an: grün, blau **(5, 6)**. Feinkörnig, jedoch niemals faserig, wächst Chalkopyrit dicht vermengt in Quarzgängen **(7)**. An der Oberfläche seiner Lagerstätten kann die Einwirkung von an- und abfließendem Wasser den Chalkopyrit in Azurit und vor allem in Malachit umwandeln, mit dem die Kristalle dann assoziiert sind **(1)**.

1

2

3

4

5

6

7

Kupfersulfide

Am häufigsten sind körnige Massen von **Stannin (2)**, einem Chalkopyrit, in dem die Eisenionen Fe^{2+} zur Hälfte durch Zinnionen Sn^{2+} ersetzt sind. Doch wie bei Zinkblende und Chalkopyrit, mit denen Stannin sich oft zu polymineralischen körnigen Massen vereint **(7)**, können sich auch seltene millimetergroße gestreifte Tetraederkristalle bilden.
Enargit (6) ist ein Wurtzit, in dem die Zinkionen Zn^{2+} zu drei Vierteln durch Kupferionen Cu+ und zu einem Viertel durch Arsenionen As^{5+} ersetzt sind. Er bildet zentimeterlange durchgehend längs gestreifte Prismen mit rautenförmigen Schnittflächen aus; manchmal parallel verwachsene Tafeln mit einspringenden Winkeln **(8)**.
Im **Bornit (4)** besetzen Schwefelionen S^{2-} die Eckpunkte und die Mitte der Flächen des kubischen Gitters. Fünf Kupferionen Cu^{+} und ein Eisenion Fe^{3+} sind in der Mitte von sechs der acht von ihren medianen Ebenen gebildeten Würfel verteilt. Die Lücken in dieser Struktur begünstigen chemische Veränderungen sowie die Oxidation des Cu^{+} zu Cu^{2+}, wodurch das Rot des Bornits in Dunkelviolett umschlägt, zum so genannten **„Erubescit“ (3)**. Ungespalten bildet Bornit meist körnige Massen **(5)**.
Enargit und Bornit-Erubescit können sich zu körnigen Massen verbinden **(8)**.
Im **Covellin (Kupferindig, 1)** sind durch kovalente Bindung von elementarem Schwefel dreifache Lagen von Schwefelionen S^{2-} in einer hexagonal dichtesten Packung vorhanden. Sie werden durch Cu^{+}-Ionen in der Hälfte der seitlichen Tetraederpositionen (S_4) und in der Hälfte der zentralen Dreieckpositionen (S_3) zusammengehalten. Deshalb sind die hexagonalen Kristalle leicht spaltbar, sodass nahe an der Oberfläche von Chalkopyrit-, Bornit- und Enargitvorkommen meist blättrige Covellinaggregate **(1)** entstehen.

6

8

7

1

Fahlerze – Bournonit

Die Struktur von Fahlerzen gleicht der von Blenden: eine dichteste kubische Packung von Schwefelionen S^{2-}, die durch Anwesenheit von Kupferionen Cu^{+} und Cu^{2+}, Arsen As^{3+} und Antimon Sb^{3+} in einigen der tetraedrischen Zwischenräume neutralisiert sind. Es gibt einen kontinuierlichen Übergang vom Fahlerz **Tetraedrit** (oder **Antimonfahlerz, 8**), der nur Antimon, zum **Tennantit**, der nur Arsen enthält. Ein großer Anteil der Kupferionen kann ersetzt werden durch Silberionen Ag^{+} (**Freibergit**, Argentit, Silberglanz), Eisen Fe^{2+}, Zink Zn^{2+} (**Binnit**, Schwefelzink), Quecksilber Hg^{2+} (**Schwazit**, Mercurisulfid **7, 4**) und die As^{3-}- und Sb^{3-}-Ionen durch Wismutionen Bi^{3+} **(Annivit)**.
Wie die Zinkblende und Chalkopyrit kristallisiert Kupferfahlerz häufig tetraedrisch, wie **Tetraedrit (2, 5, 6)**; manchmal sieht es wie ein Oktaeder aus, wobei die Flächen infolge der Kombination von zwei einander gegenüberstehenden Tetraedern abwechselnd matt und glänzend sind.
Auch **Bournonit** enthält in seiner Struktur Tetraedergruppen (CuS_4), die durch ein gemeinsames Schwefelmolekül zu Pyramiden (SbS_3) und durch zwei gemeinsame Schwefelmoleküle zu Polyedern (PbS_6) verbunden sind. Man findet häufig Bournonit in Form gedrungener Prismen mit geriffelten Flächen **(3)**, manchmal in Gruppen **(1)** und oft als körnige Massen.

2

3

4

5

6

7

8
x 2

Dunkles und lichtes Rotgültigerz

Die sächsischen Bergleute unterschieden schon immer dunkle Antimonsilberblende von lichter Arsensilberblende. Der Name Rotgültigerz ist ein Hinweis auf die Farben des Minerals.

Vom Antimon bzw. Arsen enthaltenden **Rotgültigerz** gibt es Abstufungen zwischen Dunkelrot **(Pyrargirit) (8)** und recht intensivem Lichtrot (**Proustit**, Daltonid) **(6)**. An der Luft laufen diese Mineralien an, da sich ein Überzug aus Silbersulfid (Argentit) bildet. Im Allgemeinen kommen sie in kompakten Massen vor, können aber auch millimetergroße schöne Kristalle bilden, beim Pyrargyrit als kurze hexagonale oben flache Prismen **(1, 4)** oder leicht nach außen gewölbte Rhomboeder **(8)**. Proustit kommt außer in solchen Prismen als Skalenoeder **(3)** und spitze Rhomboeder vor, die es gedrungen wirken lassen.

Kermesit (5) (Rotspießglanz, Antimonblende), dessen chemische Zusammensetzung mit der von Pyrargyrit identisch ist, kristallisiert aber in einer anderen Struktur. Es ist ein sehr seltenes Mineral, das kleine dichte, streifige und rautenförmige tiefrote Blättchen bildet.

Schwarzes Rotgültigerz besteht aus verschiedenen Mineralien, die kurze pseudohexagonal prismatische, manchmal plattige Kristalle bilden. Die Prismen des rein silberhaltigen **Stephanits** oder Sprödglaserzes **(7)** sind mitunter tafelig. Die Basis des kupferhaltigen **Polybasits (2)**, hier zwischen zwei Eisenspat- oder Sideritkristallen, zeigt oft dreieckig verlaufende Streifen. In ihm wird Cu^+ durch Ag^+ ersetzt, wodurch ein Viertel des Silbers gebunden werden kann.

1

x 2

2

x 2

3
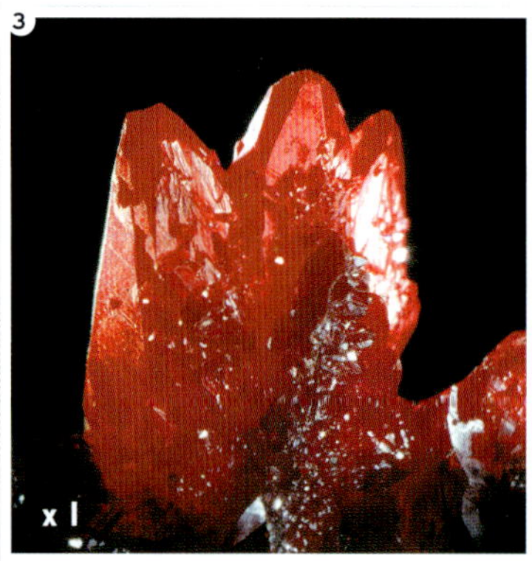
x 1

4

x 1

5
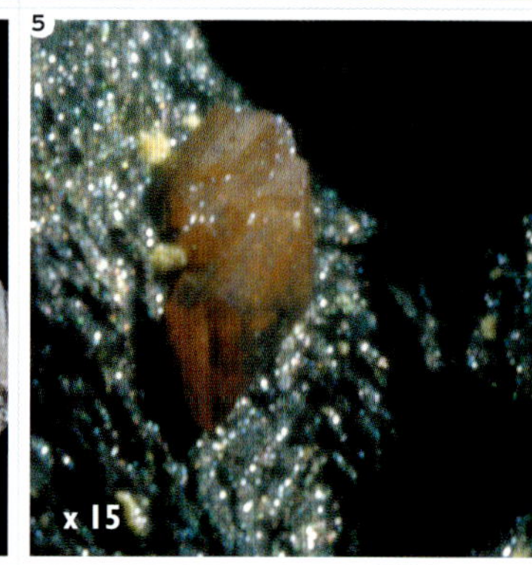
x 15

6
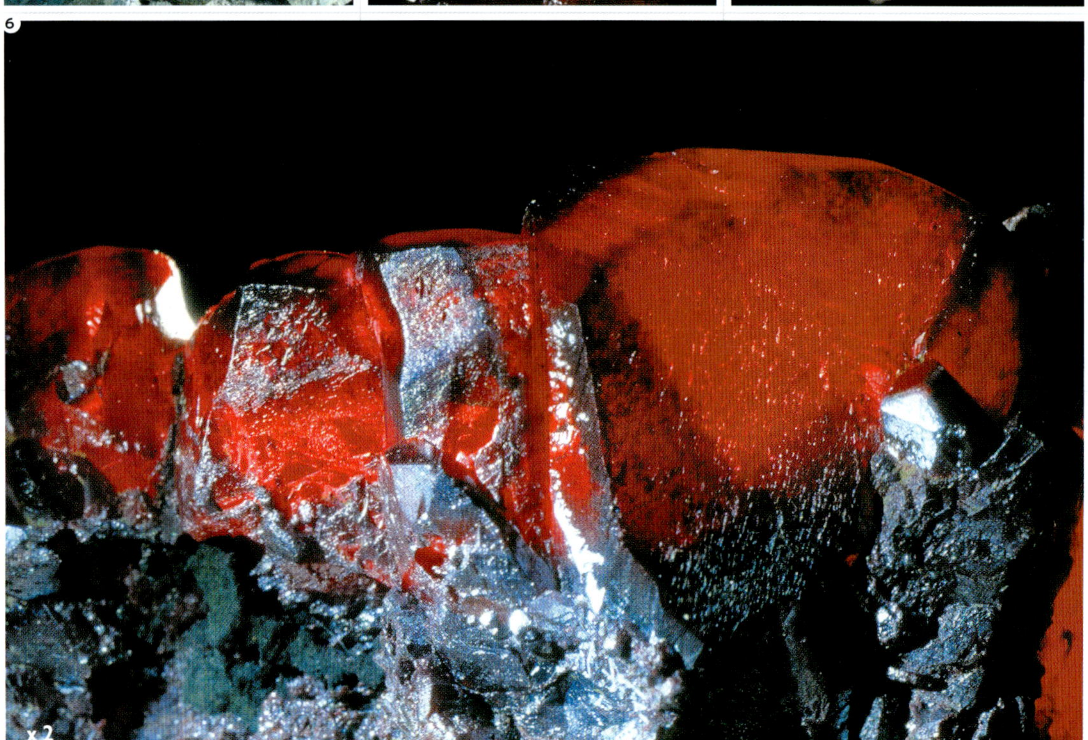
x 2

7

x 1

8
x 5

1

x 5

2

x 5

Telluride, Arsenide, Edelmetallsulfide

Silber verbindet sich leicht mit Schwefel zu **Argentit** (Silberglanz) **(3, 4)**, der früher das Tafelsilber schwärzlich anlaufen ließ. In manchen Minen stellt er außerdem das wichtigste silberhaltige Mineral dar, oft in körnigen Massen, manchmal als schöne Oktaeder.
Hessit (8), ein Argentit, in dem Schwefel-Ionen S^{2-} durch Tellur Te^{2-} ersetzt sind, kommt in Form länglicher Prismen und kleiner pseudokubischer Kristalle vor, die manchmal an Pyritoeder erinnern.
Die silberhaltigen Goldtelluride, die dendritisch oder skelettartig aussehen können, verändern sich an der Luft, indem sie ihr Gold freisetzen, das dann schwammähnliche Auswerfungen bildet. Es ist schon vorgekommen, dass Bergleute das so entstandene Gold ausgruben, aber wegwarfen, weil sie es für ein wertloses Sulfid hielten! Die wenig silberhaltigen, nicht spaltbaren Calaveritkristalle **(6)** haben zahlreiche Flächen und sehen aus wie tief geriffelte Stäbchen. **Sylvanit (1)** enthält ebenso viel Silber wie Gold und bildet vollkommen spaltbare kurze Prismen. Er kommt auch in körnigen Massen vor **(5)**. **Nagyagit** (Blättererz) **(7)**, ein ziemlich seltenes, Antimon und Blei enthaltendes Goldschwefeltellurid, das den zuvor beschriebenen Mineralien, die es begleitet, ähnlich ist, kommt in blättrigen Massen, manchmal auch in tafeligen Kristallen vor.
Das reaktionsträge Platin verbindet sich nur schwer mit wenigen nichtmetallischen Elementen: **Sperrylith** (Platinarsenid) **(2)** ist ein seltenes Mineral; es hat Pyritstruktur, bildet Kuben und Pyritoeder.

3

x 1

4

x 2

5

x 1

6

x 5

7

x 2

8

x 5

1

2

Komplexe bleihaltige Sulfide

Unter Bleispießglanz fasst man die rund vier Dutzend Blei- und Halbmetallsulfide zusammen, die sich abgesehen vom Halbmetall und einem eventuell vorhandenen anderen Metall durch den Faktor „R", das Verhältnis von Bleisulfid zu Halbmetallsulfid, unterscheiden.

Unter den arsenhaltigen Bleisulfiden, die oft längliche gestreifte Prismen bilden, findet man **Sartorit** oder **Skleroklas (8)** mit einem R = 1 und **Liveingit (7)** mit einem R = 1,25.

Die antimonhaltigen Bleisulfide, wie **Zinkenit (6)** mit R = 1, **Jamesonit (2)** mit R = 2, **Boulangerit (1)** mit R = 2,5 und **Meneghinit (10)** mit R = 4 sind meist nadelförmig. Bei manchen können sich die Nadeln verdichten und Räder oder radialstrahlige Haufen bilden wie beim **Semseyit (4)** mit R = 2,25.

Die wismuthaltigen Bleisulfide kommen als massive nadelige Gebilde vor, wie z.B. **Cosalit (9)** mit R = 2.

Einige komplexe bleihaltige Sulfide enthalten außer Antimon ein Metall, das ihre Zuordnung erschwert: Die kristalline Ausbildung ist meist dicht – wie beim silberhaltigen **Andorit (3)** mit gedrungenen gestreiften Prismen und beim zinnhaltigen **Cylindrit (5)** mit hartschalig abblätternden zylindrischen Kristallen.

3

4

5

6

7

8

x 10

9

x 5

10

x 20

Molybdänit - Stibnit - Tetradymit

Molybdänit (7) besteht aus hexagonal gestapelten Schichten: Eine Lage Molybdänionen Mo^{4+} befindet sich zwischen zwei Lagen Schwefelionen S^{2-}, sodass ladungsausgeglichene MoS_2-Blätter mit festen Bindungskräften entstehen, die untereinander durch schwache van-der-Waals'sche Kräfte – benannt nach dem niederländischen Physiker Johannes Diderik van der Waals (1837–1923) – verbunden sind. Jedes Blatt kann sich über den von ihm „getrennten" Nachbarn „schieben", daher eignet sich Molybdänit ebenso wie Graphit als Schmiermittel, und seine blättrigen Aggregate sind oft schuppig. Seine Kristalle sind hexagonale, streifige flachtafelige Prismen; sie lassen sich leicht in flexible nichtelastische dünne Blätter spalten **(3)**.

Stibnit besteht aus drei Reihen Schwefelionen S^{2-}, die mit Antimonionen Sb^{3+} dicht gepackt sind; es entstehen neutrale Sb^2S^3-Bänder, die locker untereinander verbunden sind; daher rührt seine Struktur aus sehr langen, durchgehend längs gestreiften Kristallen **(2 und 4)**, die sich vollkommen zu manchmal krummen Nadeln spalten lassen. Sie bilden strahlige Aggregate **(1 und 6)**.

Tetradymit (5) bildet blättrige Kristalle, die wie Molybdänit aufgebaut sind: An eine Lage Schwefelionen S^{2-} grenzen nacheinander eine Schicht Wismutionen Bi^{3+} und Tellurionen Te^{2-}. Diese locker untereinander verbundenen Schichten (Te-Bi-S-Bi-Te) können sich übereinander schieben, sodass dünne flexible nichtelastische tafelige Kristalle entstehen. Die rhomboedrischen Kristalle mit abgestumpfter Spitze und gestreifte Flächen sind zu Vierlingen verwachsen, daher der Name *Tetradymit* für das Mineral, das manchmal Goldtellurit begleitet.

1

x 1

2

x 1

3
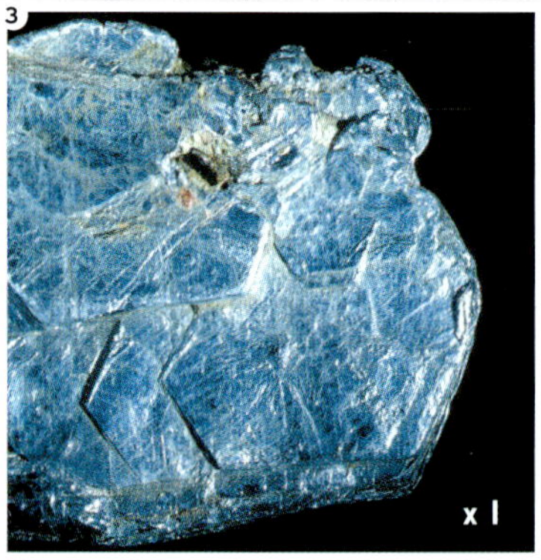
x 1

4

x $\frac{1}{2}$

5

x $\frac{1}{2}$

6

x 1

7

x 3

1

x 5

2

x 2

Realgar – Auripigment

Realgar besitzt eine molekulare Kristallstruktur wie Schwefel: eine schwach von Schalen mit acht Atomen (As_4S_4) durch Kovalenz verbundene Ansammlung. Er verwandelt sich in **Auripigment** durch Bildung locker miteinander verbundener Blättchen (As_2S_3). Realgar und Auripigment sind häufig vergesellschaftet und können zentimetergroße gedrungene leuchtend rote **(5)** bzw. zitronengelbe **(1)** Prismen bilden, doch meist kommen sie als Aggregate vor, die beim Realgar körnig **(2)**, beim Auripigment glimmerhaltig **(3)** sind.

Die durchgehend längs gestreiften Realgarprismen können kurz bleiben **(6)** oder eine gewisse Länge aufweisen **(8)**. Manchmal findet sich Realgar verstreut in Gängen metallischer Mineralien, z.B. in Kalzit **(4)**. An der Sonne zerfällt es zu einem orangefarbenen Puder aus Auripigment und Arsenolith (Arsen-III-Oxid, das in Oktaedern kristallisiert). Der Sammler muss das Mineral folglich vor Licht geschützt aufbewahren.

Realgar **(7)** wird heute nicht mehr als arsenhaltiges Mineral abgebaut. Allerdings erfolgt hin und wieder ein Abbau im kleinen Stil in islamischen Ländern, wo Realgar als Enthaarungsmittel verwendet wird.

Auripigment wurde während der Antike in der Malerei zum Vergolden benutzt, daher der Name „Goldpigment". Plinius berichtet, der römische Kaiser Caligula (37–41) habe vergeblich versucht, Gold daraus zu gewinnen!

3

x 1

4

x 1

5

x 10

6

7

8

Zinnober

Bevor sie ihn rösteten, um flüssiges Silber (Quecksilber) zu gewinnen, verwendeten die Griechen der Antike **Zinnober** als roten Farbstoff und als Bestandteil von Augentropfen. Im präkolumbianischen Mexiko wurde der Leichnam hochgestellter Persönlichkeiten vor der Beisetzung mit Zinnober überpudert, weil man glaubte, die blutrote Farbe werde sie zum Leben im Jenseits erwecken.
Zinnober besteht hauptsächlich aus großen zusammengekitteten Aggregaten, die sich spalten lassen. Die Kristalle sind mal gedrungene Rhomboeder (durch Abstumpfung von Kanten) **(2)**, mal hexagonale (in Spaltrichtung) kurze **(4)** oder lange **(3)** Prismen; sie zeigen sich in leuchtendem Zinnoberrot **(9)**, das an der Luft durch Freisetzung von Quecksilber dunkel anläuft **(1)**.

1

2

3

4

5

6

7

8

Uranhaltige Oxide

Ursprünglich wurde **Pechblende** (Uranpecherz) **(7)** zum Färben von Gläsern und Keramiken verwendet; als wichtigstes Kranerz erhielt es jedoch mit der Entwicklung der Atomindustrie einen ambivalenten Ruf. Die dichte Masse **(8)** führte zum Namen **Gummit** (vom griechischen *kommi*, klebrig). Es ist die gummiartige Ausbildung des Uraninits in makroskopischen kubischen Kristallen **(6)**.
Viel seltener ist das uranhaltige Niobtantalat **Betafit** der Pyrochlor-Mikrolit-Reihe. Es bildet dezimetergroße, harzige Oktaeder **(5, 10)**, deren Kristallgitter durch die eigene Radioaktivität zerstört wird.

9

x 5

10

x 2

1

2

3

4

Niobate und Tantalate

Wegen der Schwierigkeiten, das Element in Lösung zu bringen, wurde Tantal nach Tantalus, dem Helden des griechischen Mythos, benannt: Er war dazu verdammt, ewig quälenden Durst zu erleiden, weil Wasser und Früchte sich immer wieder von ihm entfernten. Im Nordwesten der USA wurden seit 1792 Bodenschätze abgebaut. Die *Columbia*, ein amerikanisches Schiff, befuhr den Fluss, der ebenso nach ihr benannt wurde wie die Region des heutigen US-Bundesstaates Oregon. In dort geschürftem Niobtantalat wurde 1802 das Element Columbium (nach der Gegend genannt) nachgewiesen, das stets mit Tantal vorkommt. Als man Tantal entdeckte, wurde Columbium auf „Niobium" umgetauft, nach Tantalus' Tochter Niobe. Diese Verbindungen bilden eine fortlaufende Mischkristallreihe von **Tantalit (6)** (Eisentantalat) über Mangantantalit, **Niobit (1, 2)** (Eisenniobat) zu Manganoniobit, deren Strukturen analog denen von Brookit (siehe Seite 56) zu dezimetergroßen eckigen und kurzen Prismen führen. In den Niobtantalaten der seltenen Erden ersetzt Uran stets einen Teil des Yttriums; ihre Radioaktivität macht sie metamikt (d.h., sie zerstört ihre Struktur, die ihre Regelmäßigkeit einbüßt):

- **Fergusonit (3)** besteht aus Tetraedergruppen $(NbO_4)^{3-}$, die durch Yttriumionen Y^{3+} zu Polyedern (YO_8) verbunden werden, was zu langen pyramidenförmigen prismatischen Kristallen führt; außer Uran (bis zu 7 %) enthalten sie Thorium und Titan.
- Die Reihe **Euxenit – Polykras** besitzt eine dem Brookit analoge Struktur; die tafeligen **(4)** oder prismatischen Kristalle mit quasi rechteckigem Querschnitt, die von einer Pyramide gekrönt sind **(7)**, enthalten bis zu 16 % Uran und 7 % Thorium.
- **Samarskit** bildet Blättchen oder längliche Prismen **(5)**; es kann bis zu 23 % Uran und bis zu 5 % Thorium enthalten.
- Die Reihe **Pyrochlor – Mikrolit** führt zu Betafit (siehe Seite 48).

5

6
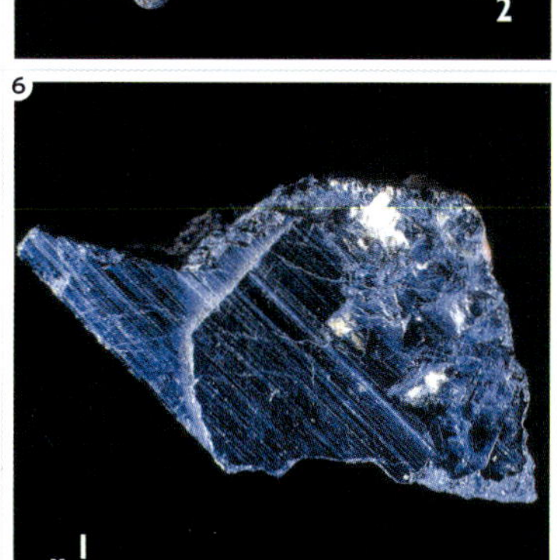

7

Cuprit – Chalkotrichit

Das kubische Gitter des Cuprits enthält ein Sauerstoffion O^{2-} an jedem seiner Eckpunkte und im Zentrum; zwischen dem zentralen Sauerstoff und den vier Sauerstoffionen an den Eckpunkten sitzen vier Kupferionen Cu^{+}, die den zentralen Sauerstoff tetraedrisch umgeben. Dadurch entstehen Würfel **(4)**, Oktaeder **(1)** oder Rhombododekaeder, wobei diese Formen manchmal kombiniert vorkommen **(4)**. In einer gegebenen Lagerstätte kann eine dieser Trachten unter dem Einfluss der chemisch-physikalischen Bedingungen, die bei der Entstehung herrschten, bevorzugt vorkommen. Wenn das Wachstum der Kristalle mehrheitlich in die Richtung erfolgt,die senkrecht zu einer Gitterfläche steht, dann entstehen Fasern, die dem Cuprit ein nadelartiges Aussehen verleihen, was sich im Namen **Chalkotrichit** ausdrückt („Kupferhaare", vom griechischen *thrix*, Haare). Diese haarigen Aggregate **(3)** begünstigen die Bildung erdiger Beläge, als welche Cuprit ebenfalls vorkommt **(6)**. Die blutrote Farbe **(7)** der zentimetergroßen Monokristalle dunkelt unter Lichteinwirkung nach; der Sammler muss sie deswegen vor Sonnenlicht schützen. Cuprit kommt auch in körnigen Massen vor **(2)**, die andere kupferhaltige Mineralien begleiten können, z.B. Dioptas (Cu-Silikat) **(5)**. Bei der Oxidation von Cu^{+} zu Cu^{2+} entsteht schwarzer Tenorit (CuO), durch Kohlensäuresaturation sogar Malachit, der in der oberen Schicht eines Vorkommens mitunter den Cuprit vollständig ersetzt. Bleibt dabei die Kristallform des Cuprits erhalten, spricht man von Pseudomorphose.

1
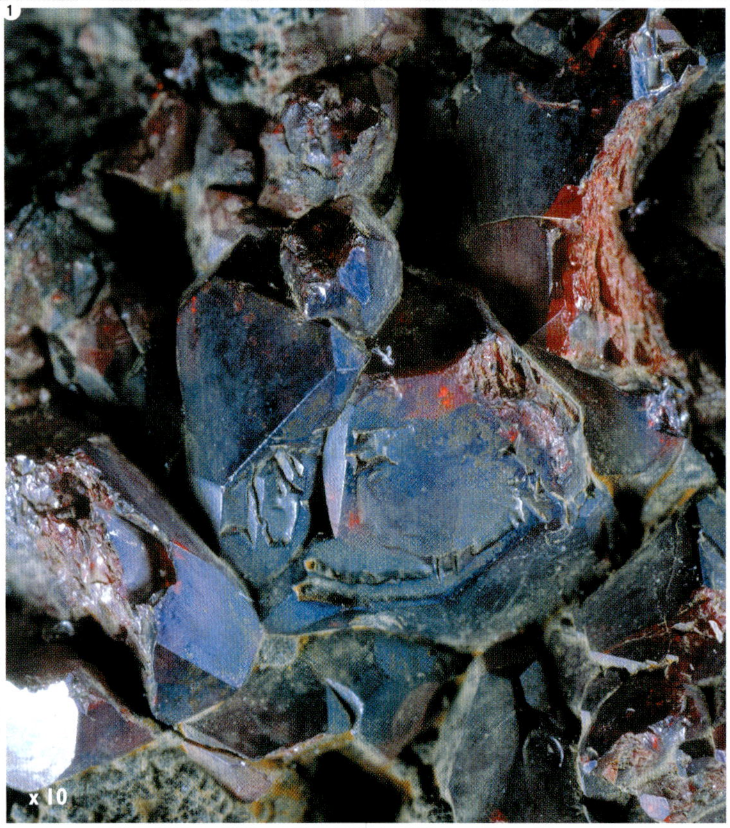
x 10

2

x 2

3
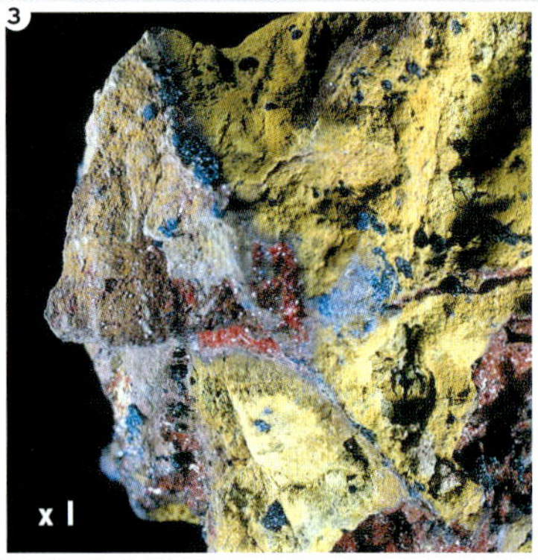
x 1

4

x 5

5

x 2

6

x 1

7

x 20

1

2
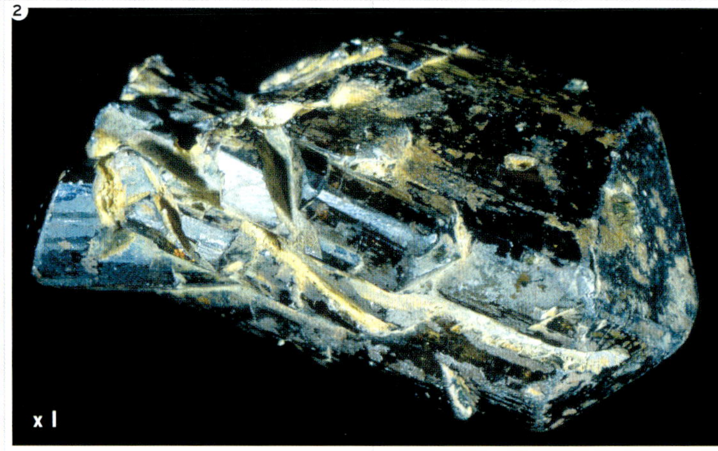
x 1

3

4

x 2

5

x 1

Kassiterit

Als wichtigstes Zinnmineral machte **Kassiterit** (Zinnstein) in der Antike die Kassiteriden (Zinninseln) im Südosten des heutigen Englands (Cornwall) berühmt: Von hier aus wurde Zinn als Hauptbestandteil der Bronze exportiert.

In seiner Struktur ist Zinn Sn^{4+} von sechs O^{2-} umgeben, sodass ein Oktaeder (SnO_6) entsteht. Jeder Oktaeder ist mit seinem Nachbaroktaeder über eine Kante aus zwei gemeinsamen Sauerstoffionen verbunden, wodurch eine Kette aus Oktaedern (SnO_4) entsteht. Diese Ketten verbinden sich über Oktaederecken so miteinander, dass jedes Sauerstoffion des Minerals an drei Oktaeder gebunden ist (SnO_6). Daraus ergibt sich ein gedrungenes Prisma mit quadratischem Querschnitt durch eine Pyramide **(2, 8)** oder ein mehr oder weniger entlang einer Diagonale gezogener Oktaeder **(6)**. Die orientierte Verwachsung zweier Kristalle in einer gemeinsamen Richtung (Zwilling) erzeugt an der Verbindungsstelle der beiden Kristalle einen einspringenden Winkel, der an einen Schnabel erinnert; darum spricht man bei dieser Verzwilligung häufig von einem „Zinnschnabel" **(3, 4, 7)**. Kassiteritkristalle findet man oft in Quarzgängen **(1, 5)**. Diese werden durch Zerkleinern und nachfolgend durch technische Anreicherung abgetrennt, um das reine Zinn zu extrahieren.

6

x 1

8

x 2

7

x 5

Rutil – Brookit – Anatas

Diese drei Mineralien sind ein gutes Beispiel für Polymorphie: Sie haben chemisch die gleiche Zusammensetzung, aber unterschiedliche Anordnungen der Oktaedergruppen, die durch ein Titanion Ti^{4+} gebildet werden, das wiederum von sechs Sauerstoffionen O^{2-} umgeben ist; dies führt zu verschiedenen Kristallstrukturen. Die Oktaeder (TiO_6) bilden beim Rutil gradlinige Ketten (TiO_4), indem die Oktaeder von zwei jeweils einander gegenüberliegenden Kanten durch gemeinsame Sauerstoffionen verbunden sind. Beim Brookit erfolgt die Kantenverknüpfung der Oktaeder (TiO_6) derart, dass sich eine Art Durchmischung gewellter Ketten ergibt. Im Anatas sind die Oktaeder (TiO_6) mit vier Nachbarn verknüpft, daraus entstehen spiralig verzahnte Ketten, die untereinander durch gemeinsame Sauerstoffionen verbunden sind.

So bildet **Rutil** längliche längs gestreifte prismatische Kristalle, die in rechteckigen Pyramiden enden **(10)**, diese vereinen sich manchmal zu einem engen „knie-" oder „herzförmigen Mehrling". Häufig wird aus der nadelförmigen **(1, 8)** eine haarartige Struktur. Diese in den Quarz eingeschlossenen „Haare" erinnern an das mit rötlichen Reflexen überhauchte blonde Haar der römischen Liebesgöttin, weshalb sie auch **„Venushaare"** heißen **(2)**.

Brookit kristallisiert entweder in gestreiften Blättchen **(3, 6)** oder in gedrungenen Prismen ohne deutliche Spaltbarkeit.

Anatas bildet zentimetergroße Kristalle: Oktaeder, die entweder nach zwei entgegengesetzten Eckpunkten stark abgeflacht oder aber in diese Richtung verlängert **(4, 7, 9, 11)** und deren Flächen in Längsrichtung gestreift sind; mitunter findet man auch transparente Kristalltafeln **(5)**.

1

x 3

2

x 3

3

x 1

4

x 1

5

x 5

6

x 1

7

x 2

8
x 10

9

10
x 2

11
x 1

1

2

Spinell

Zur Spinell-Familie zählen etwa 15 isomorphe, kubische Mineralien, in denen die Sauerstoffatome eine leicht kubisch dichteste Packung bilden, in deren Oktaeder- und Tetraederlücken Metallkationen den elektrostatischen Ausgleich schaffen. Die Al^{3+}-, Cr^{3+}-, Ti^{3+}-Ionen bevorzugen die Oktaederlücken (normaler Spinell), die kleinen Fe^{3+}-Ionen und zweiwertige Ionen dagegen die Tetraederlücken: Die Kristalle haben meist Oktaederform. Der eigentliche Spinell, Aluminiummagnesiumspinell, der durch geringe Anteile anderer Metallionen viele Farben annehmen kann, wird im Juwelierhandwerk verwendet (ein großer roter Spinell ziert z.B. die Krone der englischen Königin).

Disluit (1) ist eine manganhaltige Varietät von **Gahnit**, einem Aluminium und Zink enthaltenden Spinell, dessen oktaedrische Kristalle manchmal kleine würfelartige Flächen aufweisen.

Franklinit (3, 6, 8), ein Eisen und Zink enthaltender Spinell, bildet große Oktaeder. Der Chrom, Eisen und Magnesium enthaltende **Chromit (7)**, dessen glatte und nicht spaltbare oktaedrische Kristalle sehr selten sind, bildet meist körnige Aggregate.

Magnetit (2, 4, 5), ein magnetisches Eisenoxid und inverser Spinell, in dem Fe^{3+} zur Hälfte oktaedrisch und tetraedrisch von Sauerstoffionen umgeben ist, kristallisiert als spaltbare oktaedrische Kristalle oder Rhombododekaeder mit in Längsrichtung gestreiften Flächen.

3

4

5
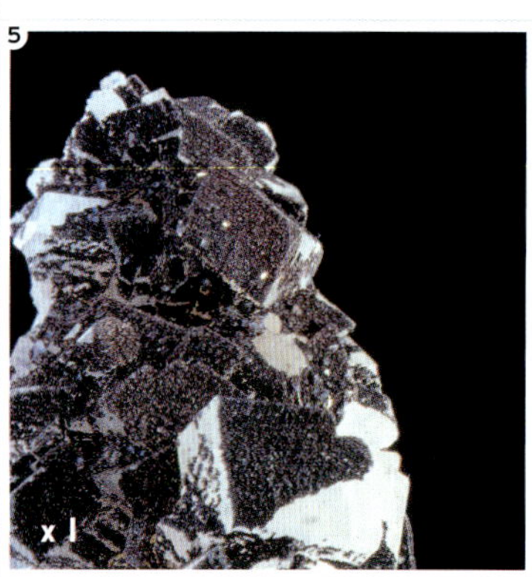

6

7

8

Korund – Ilmenit

Die Struktur dieser beiden Mineralien besteht aus hexagonal dichtest gepackten Sauerstoffionen O^{2-}. In zwei Dritteln der Oktaederlücken sitzen die Metallionen Al^{3+} beim Korund und beim Ilmenit Ti^{4+} und Fe^{2+} im Verhältnis 50 : 50. Es bilden sich hexagonale Kristallformen aus: hexagonale längliche Doppelpyramiden **(4)** mit senkrecht gestreiften Flächen, die beim Korund fassähnlich **(1)** aussehen können und die bei beiden Mineralien hexagonale Blättchen hervorbringen können, vor allem beim Ilmenit **(3)**. Ihre blättrige Ausbildung zeigt sich vor allem bei schönen Korundkristallen, bei denen die Prismenflächen durch Streifen gekennzeichnet sind **(1, 4)** (früher sprach man von **„Telesie“**, nach dem griechischen Wort *teleos*, ganz), und bei der Bildung blättriger Korundmassen (früher **„Harmotom“**, was sich an den Fugen schneiden lässt; vom griechischen *harmos*, Fuge, und *tome*, Schnitt), die körnig kristallisieren (**„Schmirgel“** nach der Stadt Smyrna in Kleinasien). Spaltung von Ilmenit führt zu Bildung von Blättchen, wie sie auch in körnigen Massen auftritt.
Ein sehr geringer Einbau verschiedener Ionen, die das Aluminium ersetzen (bis zu 1 %), bewirkt verschiedene Farbtöne beim Korund, der dementsprechende Namen erhält: **Rubin** (rot, **1**), **Saphir** (blau, **4**) und gelbe, rosa, violette und andersfarbige Saphire schätzt man im Juwelierhandwerk nur, wenn sie vollkommen transparent sind, was selten vorkommt und sich auf Kristalle von einigen Gramm beschränkt.
Den Korund findet man in tiefen Bereichen von siliziumarmem Gestein unter physikalischen Bedingungen, die etwa 20 km Erdtiefe entsprechen. Er kann durch Basaltvulkane oder durch Erdbewegungen am Rande von Kontinenten nach oben gehoben worden sein. Die häufige Verbindung grüner Zoisit – Rubin **(2)** (die Masse dieser opaken Rubine kann bis zu einigen Kilogramm betragen) wird gern für Verzierungen verwendet.
Rote und blaue Korundkristalle wurden künstlich hergestellt und seit Beginn des 20. Jahrhunderts in der Schmuckindustrie gehandelt.
Ilmenitblätter legen sich gern parallel aneinander und bilden rundliche Aggregate, die an Blütenblätter erinnern. Diese „Ilmenitrosetten“ sind bei Sammlern sehr begehrt **(3)**.

1

x 10

2

x 1

3

x 3

4

x 17

1

x 1/2

2

x 3

Hämatit

Die Struktur von **Hämatit** (vom griechischen *haima*, Blut) entspricht einem Korund, dessen Aluminiumionen Al^{3+} durch Eisenionen Fe^{3+} ersetzt sind; man findet ihn häufig in Form parallel übereinander liegender hexagonaler tafeliger Kristalle **(1)**, sodass mitunter kreisförmige Gebilde, die „Eisenrosen" **(9)**, entstehen. In der Natur kommt Hämatit auch als fast kubische Rhomboeder vor **(8, 5)**, früher wegen der geringen Anzahl ihrer Facetten Oligiste (vom griechischen *oligos*, wenig). Hämatit tritt auch als Eisenglimmer und mit faseriger Struktur auf **(7)**, er kann kugelige **(4, roter Glaskopf)**, auch stalaktitische **(3)**, radialstrahlige Aggregate **(2)** bilden. Wenn Hämatit zu Erde verwittert, dann entsteht aus dem Mineral charakteristischer blutroter Staub, der rote **Eisenocker** oder Rötel. Hämatit, der unter Erhaltung der Kristallform vollständig in Magnetit übergeht, nennt man „Martit" **(6)**, vom griechischen *martys*, der Zeuge – denn die Erhaltung der ursprünglichen Form zeugt von dieser Umwandlung oder Pseudomorphose. Kompakter, sehr feinfaseriger Hämatit wird häufig in der Juwelierkunst verarbeitet, manchmal zu Gemmen oder zu Siegelstöcken, seltener anstelle schwarzer Diamanten, deren Glanz er besitzt. Hämatitpulver ist ein mildes Schleifmittel (Mohs-Härteskala: 6), das die Edelsteinschleifer unter der Bezeichnung „Pariser Rot" (Polierrot) verwenden.

3

x 1/4

4

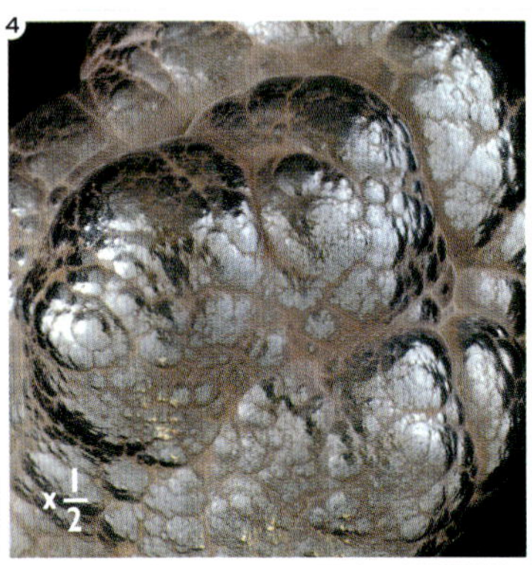

x 1/2

5

x 2

6

x 1/2

7

x 1

8

x 1

❾

x 4

Chrysoberyll

Strukturell besteht der **Chrysoberyll** oder **Cymophan** (vom griechischen *kyma*, Woge, und *phaneros*, leuchtend) aus einer fast dichtesten hexagonalen Packung von Sauerstoffionen O^{2-}, wobei ein Viertel der Oktaederpositionen von Aluminiumionen Al^{3+} und jede achte der Tetraederpositionen durch Berylliumionen Be^{2+} besetzt ist. Er bildet flache Prismen **(2)**, die oft zu dritt zu einem Sechseck verwachsen sind. Inneren Kanälchen entsprechend, sind die Flächen senkrecht zur Basis der Prismen von Streifen durchzogen. Auf diesen Strukturkanälchen beruht die auffallende, mitunter schillernde Leuchtkraft des Chrysoberylls.

Chromhaltiger Chrysoberyll, der bei Tageslicht grün und bei Kerzenlicht rot (Alexandrit, **2**) aussieht, ist ein sehr gesuchter Stein in der Juwelierkunst. Heute werden künstliche Kristalle für die Verarbeitung zu Schmuck synthetisch hergestellt.

Perowskit

Im Kristallgitter des **Perowskits** besetzen Oktaedergruppen (TiO_6) die Ecken eines Würfels. Mit ihren Nachbarn sind sie jeweils über ihre Ecken durch gemeinsame Sauerstoffionen verbunden, sodass ein kubisches Gitter mit großen Lücken entsteht, die durch zwölf in der Mitte der Kanten des kubischen Gitters sitzende O^{2-} geformt werden, die durch ein Calciumion Ca^{2-} besetzt sind. So entstehen kubische, manchmal oktaedrische Kristalle **(1)** mit gestreiften Flächen.

Man hat analoge künstliche Kristalle hergestellt, in denen das Calcium wegen der optischen Eigenschaften durch Strontium ersetzt wurde. Trotz der geringen Härte ($H = 5$) werden sie als Imitation von Diamant in der Schmuckindustrie unter Fantasienamen wie z.B. „Astrolit" oder „Fabulit" gehandelt.

1

2

3
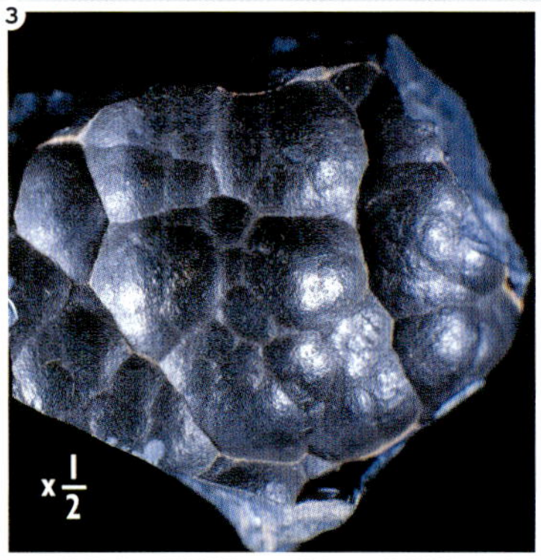

4
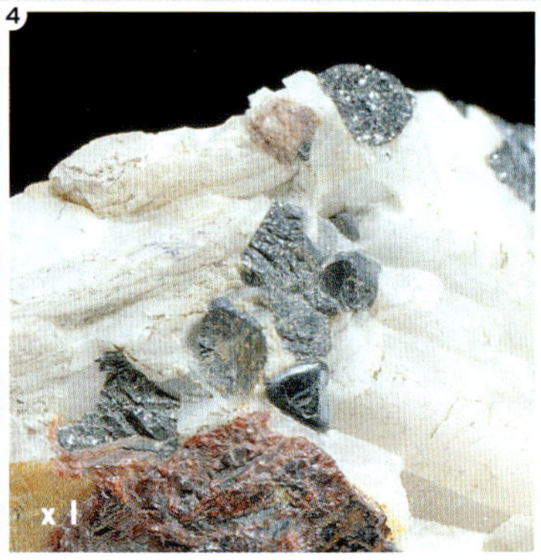

5

Zinkit

Zinkit besteht aus hexagonal dichtesten Packungen von Sauerstoffionen O^2, in dem die Hälfte der Tetraederpositionen durch Zinkionen Zn^{2+} besetzt ist. Es bildet seltene hexagonale Pyramiden mit glatter Basis, die leicht spaltbar sind. Meist kommt Zinkit in dunkelorangefarbenen blättrigen Massen vor **(7)**. Die Färbung ist durch Mangan bedingt, das einen Teil des Zinks ersetzt. Zinkhaltige Begleitmineralien sind z.B. **Witherit (4)** und **Franklinit (6)**.

Massicotit – Coronadit

Massicotit (5) ist ein dimorph vorkommendes Bleioxid, das infolge Oxidation bleihaltiger Sulfide Überzüge oder pulverige Beläge bildet, besonders im Wüstenklima. Künstlichen Massicotit erhält man durch Erhitzen von metallischem Blei auf ca. 500 °C an der Luft: Massicot, der nach Zerkleinerung erneut oxidiert, verwandelt sich in Bleimennige, die als Rostschutzmittel zum Grundanstrich von Eisen dient und bei der Herstellung von Bleiglas, z.B. Strass für Modeschmuck und Bleikristall für die Tischkultur, den Kristallglanz bedingt.

Coronadit (3) ist eine blei- und manganhaltige Verbindung. Bei den stets kompakten faserigen Konkretionen handelt es sich um einen Psilomelan oder Schwarzen Glaskopf, in dem das Barium durch Blei ersetzt ist (siehe Seite 66–67).

6
x 3

7
x 3

1

x ½

2

x 1

3

x 1

Manganoxide und -hydroxide

Das leicht oxidierbare Mangan – seine Masse beträgt 1 ‰ der Erdrinde – bildet unter der Einwirkung von Bakterien schwarze Dendriten aus **Pyrolusit** und **Psilomelan** (Hartmanganerz) **(1, 5)**.

Psilomelan (9) kommt vor allem als erdige oder pulverförmige, solide, kompakte, poröse Konkretionen von Manganmanganaten (mit möglichen Beimengungen von Lithium, Kalium, Calcium, Barium, Kupfer, Kobalt, Blei) vor, die in folgenden Varietäten auskristallisieren:

– Der bariumhaltige **Romanechit (3)** ist Psilomelan im strengen Sinn. Er bildet gedrungene kugelige kompakte Konkretionen, die meist von einem dünnen Filz feiner Nadeln überzogen sind, die den Beginn der Kristallisation anzeigen.

– Der bleihaltige **Coronadit** (siehe Seite 64, Abb. **3**) kristallisiert in faserigen Trauben.

Von gleicher Struktur wie Rutil (siehe Seite 56) ist der primär gebildete **Pyrolusit** vollkommen spaltbar und kristallisiert in pyramidenförmigen Prismen mit quadratischem Querschnitt und gestreiften Pyramidenflächen **(Polianit, 6)**. Sekundärer Pyrolusit entsteht durch Pseudomorphose aus Manganit oder durch Dehydratation von Psilomelan in Form von faserigstrahligen **(4)** oder erdigen Massen, die bei Berührung auf die Finger abfärben.

Manganit ist ein bei niedriger Temperatur primär gebildetes Manganerz-Mineral. Die Oktaedergruppen $[MnO_3(OH)_3]$ in der Struktur des **Manganits** bilden mit gemeinsamen Anionen verbundene Ketten, woraus prismenförmige längliche streifige Kristalle entstehen **(2, 7)**, deren Flächen den Richtungen der Spaltbarkeit entsprechen. Durch Dehydratation wird aus dem Manganit der stabilere Pyrolusit. Dieser ist ein wichtiger Bestandteil von Mangangängen.

In den sauren Vulkangesteinen von Utah/USA findet man eisenhaltiges Manganoxyd mit Topas vergesellschaftet, das **Bixbyit**, mitunter in zentimetergroßen kubisch-oktaedrischen Kristallen **(8)**, aber vor allem in schwarzen Massen, die manchmal bedeutende Lager bilden.

4

x 1

5

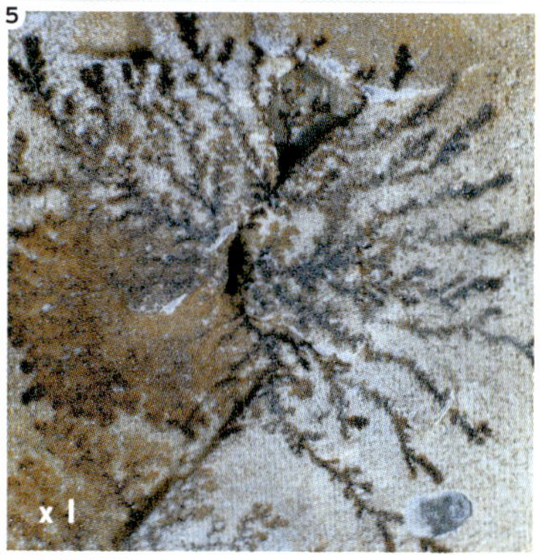

x 1

6

x 1

7

x 2

8

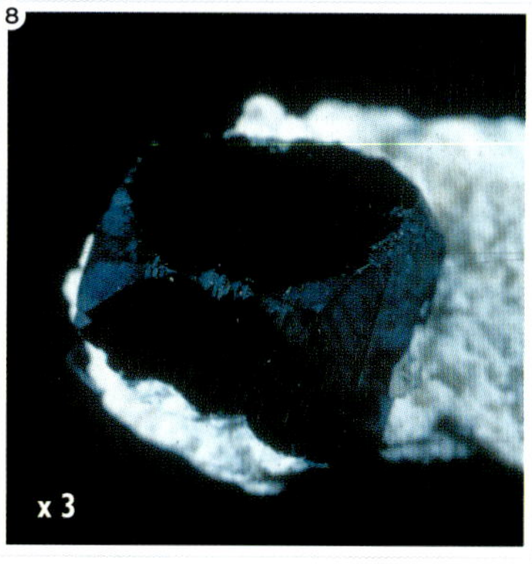

x 3

9

1
x 10

2
x 3

3
x 2

4
x 2

5
x $\frac{1}{2}$

Eisen-, Magnesium-, Aluminiumhydroxide

Goethit besteht aus dichtest gepackten Sauerstoffionen O^{2-} und Hydroxylionen $(OH)^-$ in gleicher Anzahl, wobei die Eisenionen Fe^{3+} die Hälfte der Oktaederpositionen besetzen und dabei doppelte Oktaederketten bilden: Die seltenen Kristalle, gestreifte oder tafelige Prismen, erinnern an Manganit **(3)**; die häufige radialstrahlige Ausbildung **(10)** besteht oft aus kugeligem Aggregat **(5)**. Goethit findet man leicht als nadelige Einschlüsse in Amethyst **(1)**. Als Beimengung zu Eisenhydroxylgel und zu Lepidokrokit (der dimorphen Kristallform) bildet Goethit kompakte blasige Massen, so genannter **„Limonit"** **(2)**, dessen manchmal goldene Reflexe an echtes Gold erinnern **(9)**.
Diaspor (6) hat eine analoge Struktur (in der das Eisen durch Aluminium ersetzt ist) und zeigt sich in Form tafeliger Kristalle von vollkommener Spaltbarkeit (manchmal werden sie trotz ihrer Sprödigkeit zu Schmuck verarbeitet), was biegsame Blättchen und schuppige Aggregate ergibt.
Gibbsit (oder Hydrargillit) besteht aus durch Wasserstoffbrücken locker verbundenen $Al(OH)_3$-Blättchen, die von einem kompakten Arrangement zweier Hydroxylschichten $(OH)^-$ gebildet und von Al^{3+}-Ionen aufrechterhalten werden, welche zwei Drittel der so entstandenen Oktaeder-Positionen besetzen. Daraus resultieren blättrige und pseudohexagonale, perfekt spaltbare Tafeln **(4)**. Mit Aluminiumgel im Diaspor und mit Boehmit (einer Dimorphie von Diaspor) gemischt, bildet Gibbsit **Bauxite (7)** und Laterite.
Die Struktur von **Brucit** gleicht der von Gibbsit: Es handelt sich um durch schwache van-der-Waals'sche Kräfte zusammengehaltene $Mg(OH)^2$-Blättchen, die aus zwei durch Mg^{2+}-Ionen an sämtlichen Oktaeder-Positionen gebundenen Hydroxyl-Schichten bestehen: Daraus ergeben sich hexagonale tafelige bis blättrige Kristalle: Das perlmuttartige Aussehen der Spaltflächen erinnert an Gips; die faserige Fläche **(8)** nennt man **„Nemalit"** (vom griechischen *nema*, Faden, und *lithos*, Stein).

6

x 1

7

x $\frac{1}{2}$

8

x $\frac{1}{2}$

9

x 1

10

x 3

1

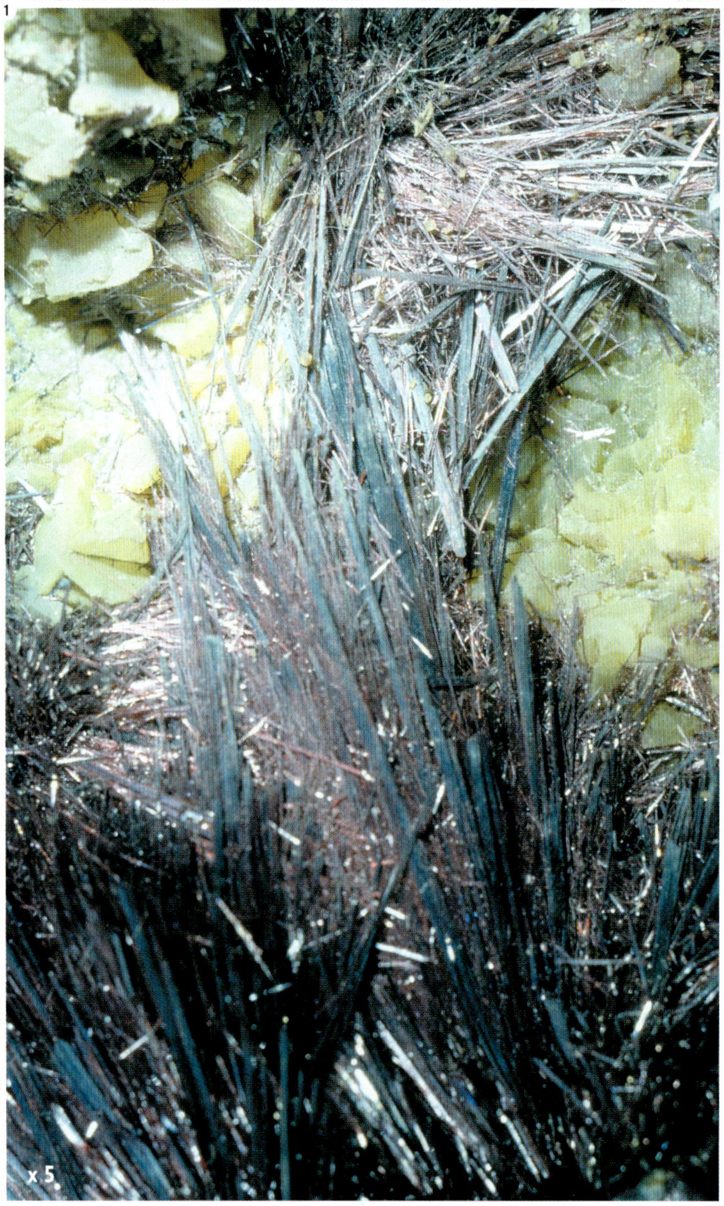

x 5

2

x 1

Antimonoxide

Stibnit (Antimonglanz, siehe Seite 44) wird durch Oxidation in verschiedene Mineralien überführt, von denen einige ihre Struktur behalten:

– **Kermesit** besitzt eine Struktur, die der von Stibnit nahe steht, und kann in nadeliger, faseriger und strahliger Form **(1, 5)** vorliegen, biegsam blättrig oder als pulveriger roter Überzug neben anderen Oxidationsprodukten des Stibnits.

– **Senarmontit** bildet körnige weiße Aggregate mit manchmal diamantglänzenden oktaedrischen Kristallen **(6)**.

– **Valentinit,** die häufigere Modifikation des chemisch gleichen Senarmontits, bildet längliche prismatische oder tafelige, oft fächerförmig angeordnete Kristalle mit perlmuttglänzenden Spaltflächen **(3)**, aber auch radialstrahlige (infolge einer Kettenstruktur) und körnige, manchmal blasige **(4)** Aggregate, die durch oberflächliche Verwitterung von Antimonlagerstätten entstehen.

– Wichtigstes Verwitterungsprodukt des Stibnits ist der **Stibiconit,** auch „Antimonasche" genannt (vom griechischen *konis*, Asche, Staub), der durch Pseudomorphose der ursprünglichen Kristalle entsteht **(2)** und auch dichte blassgelbe Verkrustungen bildet.

3

x 5

4

x $\frac{1}{2}$

5

x 2

6

x 8

1

2

3

4

5

6

Halit – Sylvin – Salmiak

Steinsalz (oder **Halit**), unsere unentbehrliche Nahrungsergänzung, war und ist vielfaches Objekt von Tauschhandel, Steuern und Rechtsstreitigkeiten: In Frankreich entstand im Ancien Régime aus dem Begriff *gabelle* (Salzsteuer) der „gabelou" oder Zöllner, der die Salzsteuer eintrieb.

Das kubische Gitter des Halits besteht aus zwei einander durchdringenden kubisch flächenzentrierten Gittern – das eine aus Natriumionen Na^+, das andere aus Chlorionen Cl^-. Die Kristalle sind würfelig, können sehr groß sein (1 m Kantenlänge!) und sind vollkommen spaltbar **(8)**. Bei Feuchtigkeit lösen sie sich auf und erhalten gerundete Kanten und Ecken **(5)**. Reiner Halit ist farblos, aber Störungen im Kristallgitter (Fehlstellen, Versetzungen, Substitutionen) bewirken eine Färbung, zumeist ins Blau **(2)**, aber auch in etliche andere Farben **(1, 4, 7)**. Die Treppchenform ist typisch für die Kristallisation bei der Salzgewinnung in Salzsümpfen.

Bei der Kristallisation aus Meerwasser fällt nach dem Halit der **Sylvin** aus, das Kaliummineral. Beim Abbau des Sylvins in den Kalilagern des Elsass wurde der gleichzeitig mit dem Sylvin extrahierte Halit in den Rhein geleitet und trug so dazu bei, dass der Fluss brackig und die Fauna zerstört wurde. Die Gitterstruktur des Sylvins ist mit der von Halit identisch, nur sind die Natriumionen durch Kalium K^+ ersetzt. Die seltenen Kristalle sind klein und wie Halit kubisch **(3)**.

Das kubische Gitter von **Salmiak** enthält in jedem Eckpunkt des Würfels ein Chlorion Cl^- und ein Ammonium $(NH_4)^+$ im Zentrum. Die einzelnen Kristalle sind Deltoidikositetetraeder („Leucitoeder", siehe Seite 182, Abb. **3**) und außergewöhnlich selten. Salmiak kommt vielfach in Form von Krusten und dendritischen Belägen vor **(6)**.

7

x 2

8

x 5

1

2

3

Fluorit in allen Farben

Fluorit oder **Flussspat** besteht aus einem kubisch flächenzentrierten Gitter aus von Calciumionen Ca^{2+}, die jeweils würfelig von Fluorionen F^- umgeben sind, wobei F^- tetraedisch von Ca^{2+} umgeben ist. Aus dieser Atomanordnung resultieren eine vollkommene oktaedrische Spaltbarkeit und seine manchmal sehr großen, meist würfeligen Kristalle (bis zu $^1/_2$ m Kantenlänge!), die mitunter stumpfkantig **(1)** sind. Seltener kristallisiert Fluorit oktaedrisch **(9)**.

Bei dieser idealen Zusammensetzung ist Fluorit farblos und vollkommen transparent, oft aber blauviolett **(6)** infolge ionisierender Strahlen, die wirksam werden, wenn in der Lagerstätte radioaktive Mineralien vorkommen: Beim Reiben entsteht dann ein Geruch nach Ozon, eine Erscheinung, die bereits zu Beginn unserer Zeitrechnung bekannt war. „Dieser Stein ist auch wegen seines Geruchs begehrt", schreibt Plinius (24–79) über Fluorit, der zu Trinkgefäßen verarbeitet wurde.

Als Folge verschiedener Fehlstellen im Kristallgitter kann Fluorit auch in allen Schattierungen von Rosa, Grün, Gelb usw. vorkommen **(2, 5, 7)**.

Als klassisches Gangmineral in metallhaltigen Adern findet man Fluorit oft mit anderen Gangmineralien vergesellschaftet, etwa mit Calcit **(3)**, natürlichem Schwerspat **(8)** oder mit Metallsulfiden wie Galenit **(4)** und Chalkopyrit **(10)** usw.

4

5

6

7

8

9

10

x 2

Fluorit

In der Metallurgie dient Fluorit als Flussmittel nicht nur für Aluminium und Stahl, sondern auch für Kupfer und Blei. Für die Wirtschaft ist das Mineral von strategischem Wert. Die industriell ausgebeuteten Gänge enthalten im Wesentlichen körnige und dichte Aggregate, die infolge leichter Veränderungen der physikalisch-chemischen Bedingungen während der Entstehung der Mineralgänge streifige Zonen **(5)** aufweisen können.
Unter „schwarzem Licht" (UV-Bestrahlung) zeigt Fluorit immer eine mehr oder weniger intensive mauvefarbige Lumineszenz. Dieses charakteristische Phänomen, das erstmals beim Fluorit beobachtet wurde, erhielt deshalb den Namen „Fluoreszenz".
Die Farben des Fluorits sind in ein und demselben Kristall durch seine Wachstumszonen während der Entstehung bestimmt und betonen manchmal Kanten **(6)** oder Flächen **(1, 4)**.
In manchen Fluoritgängen wachsen die Kristalle der einzelnen Zonen einer gegen den anderen, sodass ein optischer Saum entsteht, der wegen seiner Schönheit sehr begehrt ist. Aus dem im englischen Derbyshire abgebauten „Blue John" **(2)** werden Vasen und Zierrat gefertigt.
Selten bildet der Fluorit oktaedrische Kristalle **(3)**, die bei Sammlern sehr beliebt sind. Auf den Mineralienbörsen werden hauptsächlich aus einfarbigen Würfeln gewonnene Spaltoktaeder angeboten. Sie eignen sich vor allem dazu, eine dekorative Sammlung von Oktaedern in allen möglichen Farben und zunehmender Größe anzulegen.

1

x 1

2

x 1

3

x 1

4

x 1

5

x 1/2

6

x 2

1

x 1

2

x 3

Blei-, Silber- und Quecksilbersalze

Die zahlreichen Oxylhalogenide des Bleis sind seltene Mineralien, die in Lagerstätten vorkommen, die unter wüstenartigen Bedingungen als Evaporite eindampfen. **Paralaurionit** (**3,** hier von **Diaboleit** begleitet) ist dimorph, kristallisiert tafelig oder flach prismatisch zu Laurionit und ist ebenfalls vollkommen spaltbar.

Silbersalze kommen häufiger vor. **Kerargyrit (8)** (oder **Chlorargyrit**) bildet eine fortlaufende Mischkristallreihe mit Bromargyrit (oder Bromyrit). Die Cl^-- (oder Br^--) und Ag^+-Ionen wechseln entlang den Kanten des kubischen Gitters ab. Bei den Kristallen handelt es sich um Kuben oder Kuboktaeder, die bei Tageslicht schwarz anlaufen. Kerargyrit ist oft fest, sieht wachsglänzend aus (daher der Name) und lässt sich gut mit dem Messer in Späne zerteilen.

Das seltenere **Iodyrit (7)** kristallisiert hexagonal. Die prismatischen Kristalle spalten parallel zu ihrer Basis vollkommen.

Kalomel (5) (vom griechischen *kalos*, schön, und *melas* schwarz) wird unter Tageslicht tiefschwarz; es besteht aus linearen, parallel angeordneten Molekülen (Cl-Hg-Hg-Cl). Durch Veränderung von Zinnober, häufig in Wüstenklima, bilden sich wächserne Massen, die an Horn erinnern (Hornquecksilber oder Quecksilber-Hornerz, Hornsilber), und schöne Kristalle als Tafeln oder Prismen mit quadratischem Querschnitt.

3

x 5

4

x 1

Villiaumit und Aluminiumfluorit

Bei **Villiaumit** besetzen die Fluor- F- und Natriumionen Na^+ abwechselnd die Kanten des kubischen Gitters: Seine seltenen Kristalle, karminrote, in Wasser lösliche Würfel **(6)**, spalten sich leicht nach dem Kubus, doch wächst Villiaumit in treppchenförmigen Aggregaten. Im Kristallgitter der Al-Fluoride kommen unabhängige Oktaedergruppen $(AlF_6)^{3-}$ vor, die aus einem von sechs F^--Ionen umgebenen Al^{3+} bestehen. Im **Kryolith (9, 10)** bilden diese Gruppen ein pseudokubisches Gitter. Na^+-Ionen sitzen einerseits in Lücken des Gitters, wo sie mit den Fluorionen der sechs benachbarten (AlF_6)-Gruppen (NaF_6)-Gruppen bilden, und andererseits in jeder achten Gittermasche, deren Ecken aus drei Al^{3+}-Ionen und drei Na^+-Ionen bestehen, wo sie (NaF_{12})-Gruppen mit den Fluorionen aus den drei benachbarten (AlF6)-Gruppen bilden: Bei den seltenen Kristallen handelt es sich um Pseudokuben **(10)** oder Pseudooktaeder, die oft ineinander verwachsen sind (Mehrlingsreihen). Meistens bildet der Kryolith weiße Massen, die sich in verschiedene Mineralien verwandeln, z.B. in den dimorphen **Thomsenolit (2)**, den **Pachnolit (1)**, hydrierten Aluminiumfluorid von Natrium und Calcium, oder auch in **Ralstonit (4)**, wässriges Aluminiumhydroxyfluorid. Kryolith war lange Zeit ein wichtiges Mineral für die elektrolytische Gewinnung von Aluminium, denn er spielte dabei die unentbehrliche Rolle des katalytischen Schmelzzusatzes, die inzwischen künstliche Produkte übernommen haben.

5

x 2

6

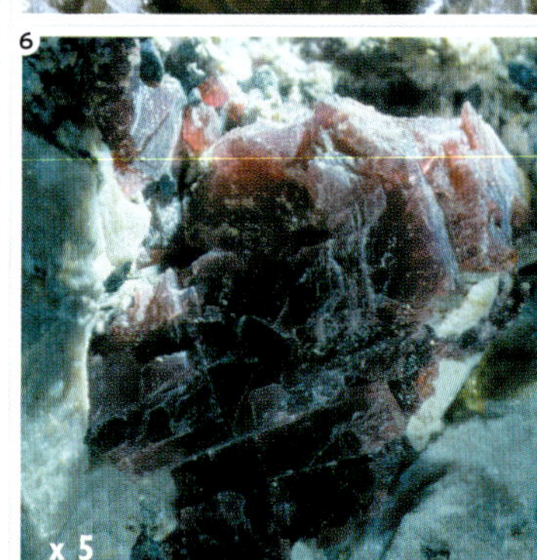

x 5

7

x 5

8

x 15

9

x 5

10

x 3

Kupfer- und bleihaltige Chloride

Der **Atacamit,** ein Kupferhydroxylchlorid, bildet lange grüne streifige Prismen, die längs perfekt spaltbar sind **(5)**, aber auch faserige **(1, 9)** oder körnige Aggregate, die in Verdunstungslücken in trockenem Klima entstehen. Bei stärkeren Chlorkonzentrationen bildet sich **Nantokit (7)**, der aus kubisch dichtest gepackten Chlorionen Cl^- besteht, dessen Oktaederlücken Kupferionen Cu^{2+} ausfüllen. Der meist feste Nantokit spaltet sich vollkommen nach dem Würfel.

Zu den berühmtesten unter den seltenen wasserhaltigen Kupferbleihydroxylchloriden – die ein intensives dunkles Indigoblau zeigen – zählen der silberhaltige **Boleit (3)**, der Pseudokuben bildet, die nach einer der Flächen vollkommen spalten, und der **Cumengeit (10)**, der oft in tetragonalen Pyramiden auf Boleit wächst und einer sechszackigen stacheligen Waffe gleicht. Auch der wasserhaltige, aber hydroxylfreie **Percylit (4)** bildet spaltbare himmelblaue Kuben und körnige Aggregate.

Der blei- und antimonhaltige **Nadorit** bildet längliche Prismen **(2)**, tafelige, nach diesen Tafeln spaltbare Kristalle, die manchmal in strahligen, fächer- oder garbenförmigen Aggregaten gruppiert sind **(6)**.

Der kompliziertere **Connellit (8)** ist ein seltenes hydriertes Kupferhydroxylchlorsulfat, das oft mit elementarem Kupfer zusammen vorkommt und dessen nadelförmige blaue Kristalle kleine strahlige Aggregate bilden.

1

2

3

4
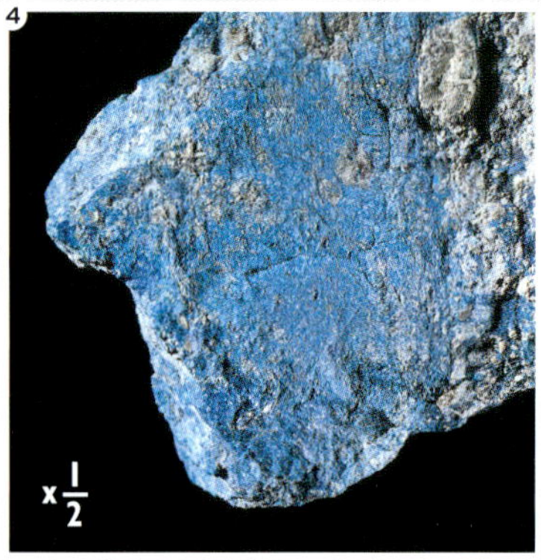

5

6
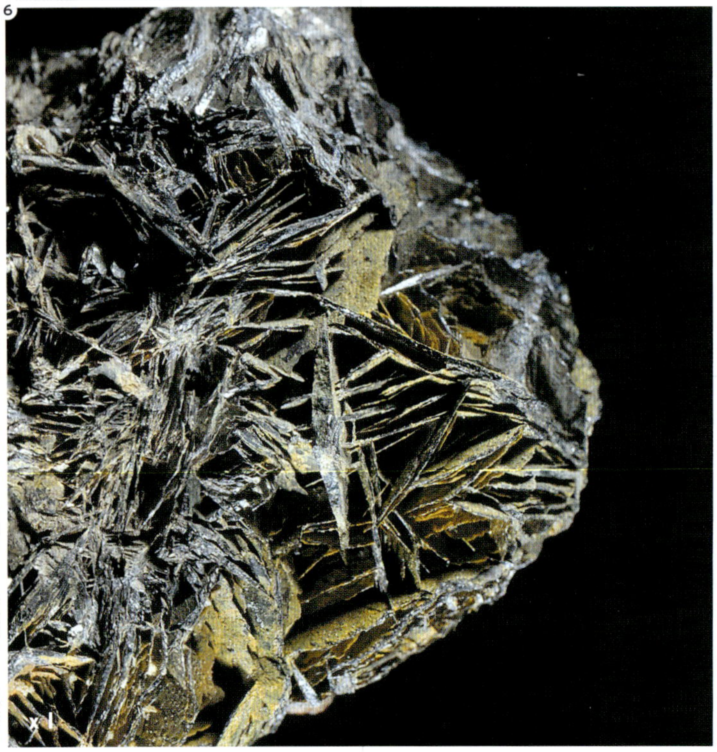

7

8

9

10

x 12

Aragonit

Die Struktur von **Aragonit** besteht aus flachen, untereinander parallelen Karbonatgruppen $(CO_3)^{2-}$: Jedes Ca-Ion ist von sechs Carboxylgruppen umgeben, die ihm je nach Position ein oder zwei Sauerstoffatome „leihen", sodass sie von neun O^{2-}-Ionen umgeben sind. Die einzelnen Kristalle, Prismen mit rautenförmigem Querschnitt **(3)**, sind sehr selten; zu Drillingen verwachsen, bilden sie ein pseudohexagonales längsstreifiges Prisma **(7)**, das schlechte Spaltbarkeit parallel zur Längsrichtung mit glanzlosen Flächen ergibt, im Gegensatz zu den stark glänzenden Spaltflächen des Kalzits. Man findet diese Kristalle in manchen salzhaltigen Mergelschichten, in verwitterten Basaltspalten **(1)**. Die häufig faserigen oder radialstrahligen Strukturen **(4, 8)** führen zu kugeligen Aggregaten **(6, 2)** in Form von Stalaktiten wie bei Thermalquellen oder korallenartigen Gebilden wie **Eisenblumen (5)**, in denen der Aragonit sich mit Limonit verbunden hat. Zahlreiche Tierarten bilden ihr Skelett, ihr Gerüst oder ihre schützende Hülle aus Aragonit: manche Knochen sowie die meisten Perlmutte und Perlen.

1

2

3

4

5

6

7

8

1

x 1

2

x 1

Strontianit – Witherit – Cerussit

Die Mineralien der Aragonitgruppe haben dessen Struktur, wobei die Calciumionen Ca^{2+} durch andere große Metallionen ersetzt sind: Strontium Sr^{2+} beim Strontianit, Barium Ba^{2+} beim Witherit, Blei Pb^{2+} beim Cerussit. So wie Aragonit kleine Beimengungen von Blei oder Barium enthalten kann, können geringe Mengen von Calcium im Strontianit vorhanden sein und ihn in **Strontiocalcit** umwandeln **(4)**.

Strontianit (6) kommt in Tonböden oder Mergeln vor; dort bildet er pseudohexagonale Prismen, die wie beim Aragonit oft innig miteinander verwachsen sind, oder faserige Aggregate.

Wie beim Aragonit sind beim **Witherit (5)** die prismatischen Kristalle ineinander zu pyramidenförmigen pseudohexagonalen Prismen verwachsen, die senkrecht über die ganze Länge gestreift sind. Der faserige Witherit bildet radialstrahlige traubig-krustige Aggregate **(3)**.

Beim **Cerussit (7)** sind die prismatischen Kristalle oft lang und flach, senkrecht längsstreifig, manchmal blättrig **(1)**, oft eng netzartig oder wie sechs Speichen eines Rads (**2**, hier ist die sechste Speiche abgebrochen) miteinander verzwillingt. Cerussit kommt auch als feinkörnige weiße Massen vor.

3

x 3

4

x 1

5

x 2

6

x 5

7

x 10

Calcit (Kalkspat)

Die **Calcit**struktur besteht, ähnlich wie der dimorphe Aragonit, aus flach angeordneten Karbonatgruppen $(CO^{3})^{2-}$, die senkrecht zur Raumdiagonalen eines gestauchten Würfels sitzen: Jedes Calciumion wird hier jedoch nur von sechs von seinen Nachbarn geliehenen Sauerstoffionen der Karbonatgruppen rhomboedrisch umgeben. Die Symmetrie wird trigonal rhomboedrisch, und die Kristalle zeigen sich in allen in diesem System möglichen Formen und Kombinationen, den so genannten Trachten. Die vollkommene Spaltbarkeit dieser Hunderte von Formen, die stets und immer wieder Rhomboeder ergibt, ermöglichte dem französischen Mineralogen René Just Haüy (1743–1822), die Grundlagen der Kristallographie zu formulieren. Zu den berühmtesten Trachten zählen die verschiedenen Rhomboeder – die Skalenoeder, die „Hundszahn" **(6)**, und die kurzen, dreiflächigen Prismen, die „Schweinszahn" genannt werden **(5, 2)**.

Der durchsichtige Calcit, an dessen Rhomboedern die Richtungen der volkommenen Spaltbarkeit leicht zu erkennen sind, trägt den populären Namen „Isländischer Calcit" **(3)** oder Doppelspat (wegen der deutlich sichtbaren Aufspaltung eines Lichtstrahls in zwei Strahlen im Calcit).

Calcitzwillinge (zwei in definierten Richtungen miteinander verwachsene Kristalle) kommen häufig vor und bilden manchmal Formen, die an vertraute Dinge erinnern, etwa an ein „Herz" **(4)** oder einen „Schmetterling".

Mitunter hat sich der Calcit gänzlich aufgelöst, und sein ursprüngliches Volumen ist durch andere Materie ersetzt (das Phänomen der „Pseudomorphose", täuschende Gestalt, vom griechischen *pseudo*, ich täusche, und *morphe*, Gestalt, Aussehen), z.B. Calcit nach Sandstein von Fontainebleau **(1)**.

1

x 1

2

x 1

6

x 3

3

x 1

4

x ½

5

x 1

1

2

3

4

5

6

Calcit

Calcit kommt in zahlreichen Erzgängen vor, in deren Klüften man ihn als schön geformte Kristalle in verschiedener Gesellschaft findet, manchmal in der Tiefe, manchmal in den Verwitterungshorizonten – hier z.B. als Schweinszähne mit Kobaltit **(1)** oder als herzförmigen Zwilling auf Realgar aufgewachsen **(4)**, auch in spitzen Rhomboedern mit Mottramit (kupfer- und zinkhaltiges Bleivanadat, **7**) verwachsen oder auch in Rhomboeder-Aggregaten, auf denen ein fliegenförmiger Mottramitkristall sitzt **(2)**. Sie können ganz unterschiedliche Färbung zeigen **(6, 7)**.

In Verwitterungszonen kann Calcit in Form länglicher Skalenoeder auf Oberflächen erscheinen, die wie Daphnit **(3)** mit Eisenchlorit überzogen sind.

Die Thermalquellen, desgleichen aber auch Sedimente am Meeresboden können Calcitschichten ausfällen, in denen sich kryptokristalline und faserige makrokristalline Zonen abwechseln, und winzige oder umfangreiche Hohlräume hervorbringen. Aus diesen „Marmorbändern" lassen sich interessante dekorative Platten sägen **(5)**.

7
x 5

1

2

Siderit – Magnesit – Dolomit

Siderit und Magnesit haben die Struktur von Calcit, wobei die Ca^{2+}-Ionen durch kleine Kationen wie Eisen Fe^{2+} bzw. Mg^{2+} ersetzt sind. Siderit ist manchmal leicht calciumhaltig. Allmählicher und vollständiger Ersatz des Eisens durch Magnesium führt den Siderit in Magnesit über, und infolge des Austauschs von Eisen durch Mangan gibt es sogar einen fortlaufenden Übergang von Siderit in Rhodochrosit.

Siderit, der oft in Lagen und Gängen vorkommt (Eisenmineral), bildet meist Rhomboeder mit gewölbten Flächen und scharfen Kanten, die in Gruppen an die Ausbildung des Baryts erinnern (**3**, hier mit aufgewachsenen Quarzkristallen). Manchmal sind die Sideritkristalle rosettenförmig zu **„Sideritblumen" (1)** angeordnet. Oft sind die Quarzrhomboeder dicht mit Nadeln überzogen **(5)**.

Bei den Übergangsstufen von Siderit zu Magnesit ist man übereingekommen, stark magnesiumhaltigen Siderit als **Mesitin**, stark eisenhaltigen Giobertit hingegen als **Breunnerit (2)** zu bezeichnen.

Magnesit (oder **Giobertit**) kann in flachen Rhomboedern mit vollkommenen, perlmuttglänzenden Spaltflächen vorkommen. Die dichte Form **(7)** erinnert an Dolomit oder Kreide.

Wenn die Hälfte der Ca^{2+}-Ionen in der Calcitstruktur des **Dolomits** durch Mg^{2+}-Ionen ersetzt wird, mindert dies die innere Symmetrie des Dolomits, der gleichwohl rhomboedrisch kristallisiert **(6)**. Manchmal kommt Dolomit mit Quarz zusammen vor und bildet um diesen eine Art Halskrause **(4)**. Dolomit ist das Hauptmineral des Dolomitgesteins in den italienischen Alpen, die diesen Namen tragen. Die Flächen der meist rhomboedrischen Kristalle werden gewölbt in dem Maß, wie durch den Tausch Magnesium für Eisen daraus **Ankerit** entsteht.

3

4

5

6

7

x 3

1

2

3
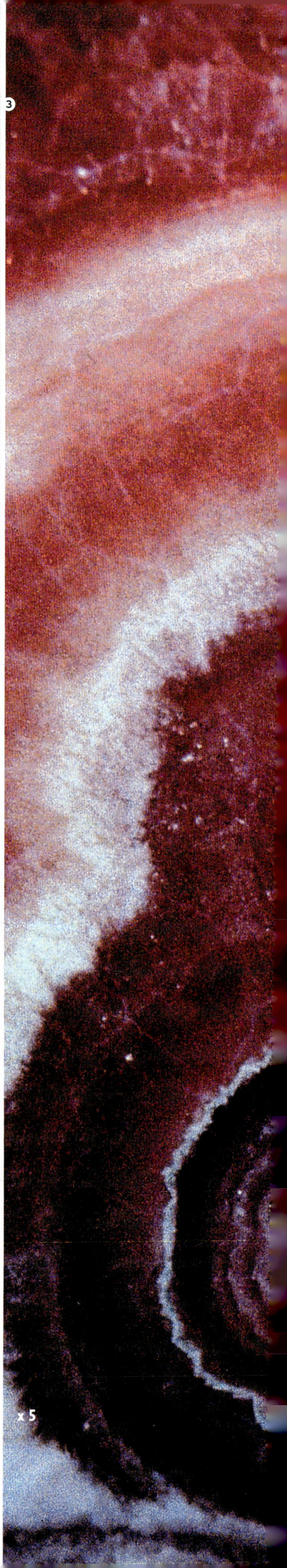

4
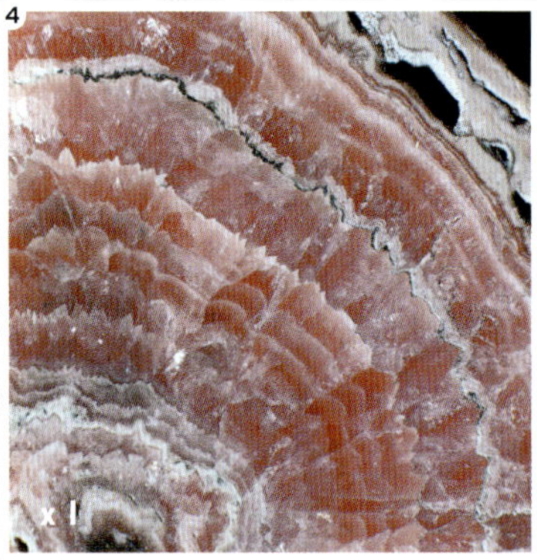

5

Rhodochrosit – Smithsonit

Rhodochrosit und Smithsonit findet man selten als einzelne rhomboedrische oder skalenoedrische Kristalle. Sie haben die Struktur von Calcit, in dem Mangan Mn^{2+} bzw. Zink Zn^{2+} an die Stelle der Ca^{2+}-Ionen getreten sind. Im Allgemeinen sind die Aggregate faserig und sehen angeschliffen oft gebändert aus.

Historisch ist **Smithsonit** das erste Zinkerzmineral; es ist auch in Säuren schwer löslich, kommt selten in Form gut entwickelter Rhomboeder vor **(5)** und bildet manchmal umfangreiche Aggregate. Bei blau-grüner Färbung des Minerals infolge geringen Austauschs von Zink durch Kupfer (seltener rosafarben durch geringe Zink-Kobalt-Substitution) lassen sich die radialstrahligen, mehr oder weniger nierigen oder stalaktitischen Konkretionen **(2)** gut schleifen und werden zu Ziergegenständen verarbeitet. Im Handel wird das Mineral manchmal als „Bonamit" angeboten, das ist die französische Version des Namens „Goodfriends", unter dem die ersten Händler Smithsonit bewarben.

Unter **Dialogit**, dem alten Namen des Rhodochrosits, versteht man heute dessen wohlgeformte rosa Kristalle, die manchmal als strahlige, mit Kristallspitzen gespickte kleine Kugeln vorkommen **(1)**. Als **„Rose des Inka"** werden mitunter die angeschliffenen gebänderten Rhodochrositmassen **(3, 4)** angeboten. Sie sind sehr gefragt für die Verarbeitung zu Schmuck, Zierrat oder Statuetten.

1

2

7
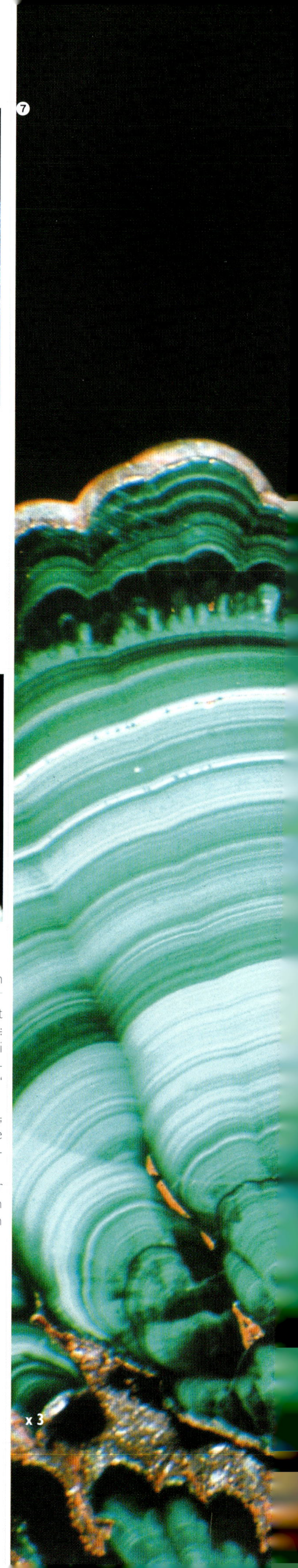

3

4

5

6

Malachit – Azurit

Charakteristisch für Azurit und Malachit ist die Anwesenheit von Kupferionen Cu^{2+} im Zentrum von Vierecken aus zwei Hydroxylgruppen $(OH)^-$ und zwei Sauerstoffionen O^{2-} aus Karbonatgruppen (CO_3). Die Oktaeder-Umgebung der Kupferionen wird im Azurit durch zwei Sauerstoffionen und im Malachit durch zwei Hydroxylgruppen vervollständigt: Azurit wird mit dem Ersatz eines Viertels der Karbonatgruppen $(CO_3)^{2-}$ durch zwei Hydroxylgruppen $(OH)^-$ zu Malachit umgewandelt, und seine Farbe „schlägt um". Übrigens wurde Azurit in der Buchmalerei des Mittelalters unter der Bezeichnung „Bergblau" nur verwendet, wenn kein farbstabiler Lasurit (siehe Seite 184) verfügbar war.

Azurit kommt in unterschiedlich geformten makroskopischen Kristallen vor: als längliche Tafeln (**5,** „Chessylit"), pseudohexagonale Platten **(1)**, gedrungene Prismen, kugelige Anhäufung von Kristallen, Rosetten. Manchmal bilden sich faserige, gebänderte Konkretionen in Geoden **(2)**, in denen Azurit- mit Malachitschichten abwechseln.

Beim **Malachit** kommt häufig eine Pseudomorphose nach Azuritkristallen vor **(3)**; er bildet außerdem lange nadelförmige Prismen **(6)**. Seine Kristalle können große Flächen überziehen **(4)**. Im Allgemeinen kommt er jedoch strahlig, in gebänderten Konkretionen **(7)** oder stalaktitisch vor und wird meist zu Schmuck und Ziergerät verarbeitet.

1

2

3

4

5

6

Hydroxylkarbonate

Rosasit (5) ist ein zinkhaltiger Malachit. Er kommt in Form faseriger, nieriger Krusten vor, die ähnlich aussehen wie Malachit.

Der zinkhaltige **Hydrozinkit (1)** (Zinkblüte) und der kupfer- und zinkhaltige **Aurichalcit (7)** (Messingblüte) haben eine Azurit-ähnliche Struktur. Sie bilden dünne, nadelförmige Kristalle **(7)** und faserige oder blättrige, manchmal erdige Massen **(1)**, wo sie mit Smithsonit und Hemimorphit vergesellschaftet sind. Die Bergleute haben diese Mineralien unter dem Begriff „Galmei" zusammengefasst. Aurichalcitkristalle sind meist etwas länger, und sie kommen bevorzugt als kugelige Büschel vor **(7)**.

Der ähnlich strukturierte, bleihaltige **Hydrocerussit (6)** bildet perlmuttglänzende, tafelige oder fässchenförmige hexagonale Kristalle, deren sehr gute Spaltbarkeit ein blättriges Aussehen bedingt. Dünne hexagonale Cerussitblättchen werden künstlich kristallisiert und dann in farblose Harze eingebettet, um Glaskügelchen zu überziehen, die später als künstliche Perlen verwendet werden (diese Perlenimitate werden weltweit gehandelt – außer in Frankreich, wo sie wegen der Gefahr von Bleivergiftungen verboten sind).

Auch **Dawsonit (3)**, Natriumaluminat, ist ähnlich strukturiert und findet sich in kleinen radialstrahligen Gruppen in den Spalten von Tonsandstein.

Phosgenit (4), dessen vollkommene Spaltbarkeit auf der schwachen Bindung der Strukturblättchen $[Pb_2Cl(Co_3)]^+$ untereinander durch Cl^--Ionen beruht, besteht aus kurzen streifigen Prismen mit viereckigem Querschnitt, in meernahen und bleihaltigen Lagerstätten manchmal auch aus Doppelpyramiden.

Der cerhaltige **Bastnäsit (2)** bildet tafelige, manchmal dezimetergroße Kristalle mit einer Neigung, sich in dünne Blättchen zu zerteilen; hier, auf Dolomit aufgewachsen, wirkt er wie aufgestapelt.

1 x 2

Salpeter – Hydrogenkarbonate

Salpeter oder Kalisalpeter bildet sich auf altem Gemäuer in feuchten Kellern. Mischt man ihn mit Kohlepulver, dann explodiert er bei höheren Temperaturen. Die Rebellen der Julirevolution 1830 in Paris benutzten ihn als Waffe bei der Entthronung König Karls X. (1824–1830). Das Waffenlager Ludwigs XIII. (1635–1643) hieß natürlich La Salpêtrière und behielt diesen Namen auch, als Ludwig XIV. (1643–1715) es 1656 in ein Siechenhaus für die Armen von Paris umfunktionierte.
Salpeter findet man auch in Wüstengebieten. Er hat die Struktur von Aragonit, in dem Ca^{2+} und Karbonatgruppen $(CO3)^{2-}$ durch zwei K^{+} bzw. $(NO_3)^{-}$ ersetzt sind. Die nadeligen Kristalle bilden körnige oder erdige Massen sowie seidenartige Ausblühungen mit pseudohexagonalen Formen **(1)**.
Hydromagnesit (5) entsteht durch Verwitterung von Serpentinit, in dessen Rissen sich krustige Beläge bilden; die Flächen der nadeligen oder flachblättrigen Kristalle sind oft streifig.
Die Reihe der Magnesiumhydrogenkarbonate beinhaltet drei Minerale, deren Kristalle allesamt blättriges Aussehen zeigen, manchmal in Form von hexagonalen tafeligen Blättchen. **Aluminiumhydrotalcit (4)** hat perlmuttigen Glanz. Der eisenhaltige **Pyroaurit (6)** ist meist goldenblättrig. **Stichtit (3)** enthält Chrom und bildet rosa Blättchen. **Weloganit (2)** enthält Zirkon, Strontium und Natrium. Das besonders seltene Mineral wurde erst 1969 in Form pseudohexagonaler pyramidenförmiger Prismen in einer offenen Grube mitten in Montréal (Québec, Kanada) entdeckt.

2 x 3

3 x 1

5 x 1

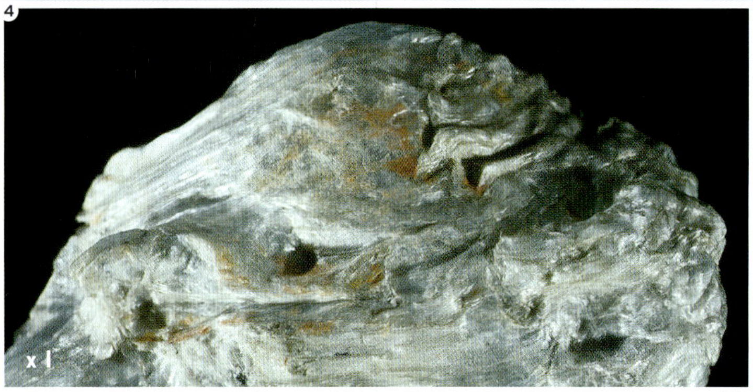
4 x 1

6
x 3

Borate

Durch Austausch zwischen Magnesium und Mangan bildet der Mg-haltige **Szaibelyit** (oder **Ascharit) (3)** mit dem Mn-haltigen Sussexit eine vollständige Mischkristallreihe, wobei die nadeligen Kristalle als schneeweiße radialstrahlige Kugeln oder als fleischfarbene faserige Aggregate in Erscheinung treten.

Borax (7), den die Goldschmiede im Orient an den Ufern indisch-persischer Wüstenseen als *Tinkal* sammelten, wurde von Marco Polo (1254–1324) ins Abendland gebracht. Im Goldschmiedehandwerk werden Metalle vor dem Schweißen damit abgebeizt. Bei der Bearbeitung von Schmuck verwendet man Borax, um Diamanten gegen die Atmosphäre zu isolieren. An der Luft bildet Borax Anflüge von hübschen weißen prismatischen Kristallen.

Ulexit (6), der „Fernsehstein", so genannt, weil er durch seine parallelen Fasern das Licht leitet, kommt auch in knolligen watteähnlichen Aggregaten nadeliger Kristalle vor.

Colemanit, der in der Betonummantelung von Kernreaktoren eingesetzt wird, um Neutronen zu absorbieren, bildet verschieden geformte Kristalle: gedrungene Prismen, mehr oder weniger spitzige fächerförmig angeordnete Rhomboeder **(1)** und milchige Aggregate.

Unter den beryllhaltigen Boraten wird der **Hambergit** mit seinen tafeligen längs gestreiften, prismatischen Kristallen **(2)** zu Schmuck verarbeitet, ebenso der **Rhodizit,** dessen Kristalle kubisch **(5)**, häufiger jedoch rhombendodekaedrisch oder tetraedrisch sind.

Boracit (4) ist ein wasserfreies Magnesiumborat, kann geringe Mengen von Eisen oder Mangan enthalten und ist ein Begleitmineral in Salzlagerstätten, z.B. bei Staßfurt. Die oft kleinen Kristalle sind würfelig oder oktaedrisch mit abgeschrägten Kanten, auch Tetraeder und Dodekaeder kommen vor. Boracit findet man auch als zuckerähnlich aussehende Massen.

1

x 3

2

x $\frac{3}{4}$

3

x 1

4

x 10

5

x 1

6
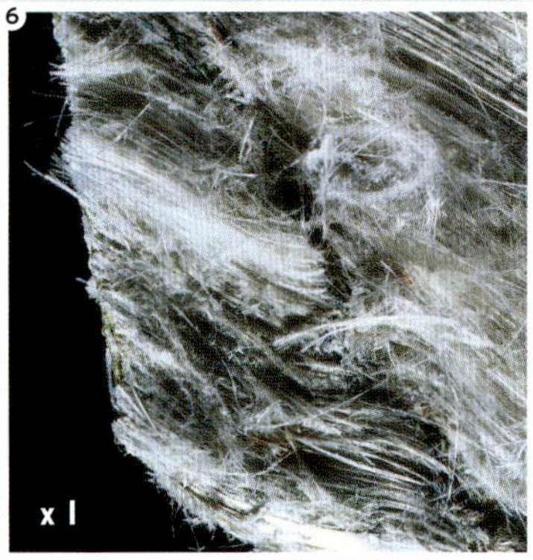
x 1

7
x 3

„Hahnenkamm"-Baryt

Wegen seiner hohen Dichte wird **Baryt** (Schwerspat) hauptsächlich zum Beschweren von Bohrschlämmen (z.B. bei Erdölbohrungen) verwendet. Er kommt als Hauptmineral in Gängen von Erzlagerstätten vor. Seine Struktur ist kompliziert: $(SO_4)^{2-}$-Gruppen sind an Bariumionen Ba^{2+} gebunden, deren Durchmesser so groß ist, dass sie viel Raum brauchen: Sie sitzen in einem Polyeder aus zwölf Sauerstoffionen, die zu sieben verschiedenen (SO_4)-Gruppen gehören.

Die Kristalle sind tafelig **(3)**, manchmal an den entgegengesetzten Enden scharfkantig, manchmal rautenförmig, auch länglich prismatisch mit einem Doma als Begrenzung **(7)**. Die Spaltbarkeit ist vollkommen parallel zu den Tafeln (was einem der parallelen Flächenpaare der länglichen Prismen entspricht). Die blättchenförmigen, scharfrandigen Kristalle sitzen manchmal parallel aneinander; das sieht aus wie ein Hahnenkamm **(1, 2, 6)**, der mit winzigen Pyritkristallen gesprenkelt sein kann **(4)**. Die blättchenförmigen Kristalle bilden gern strahlige Gruppierungen **(5)**.

Baryt ist manchmal farblos, meistens jedoch milchig weiß, mit Perlmuttglanz auf den Spaltflächen.

1

x 1/2

2

3

x 1

4

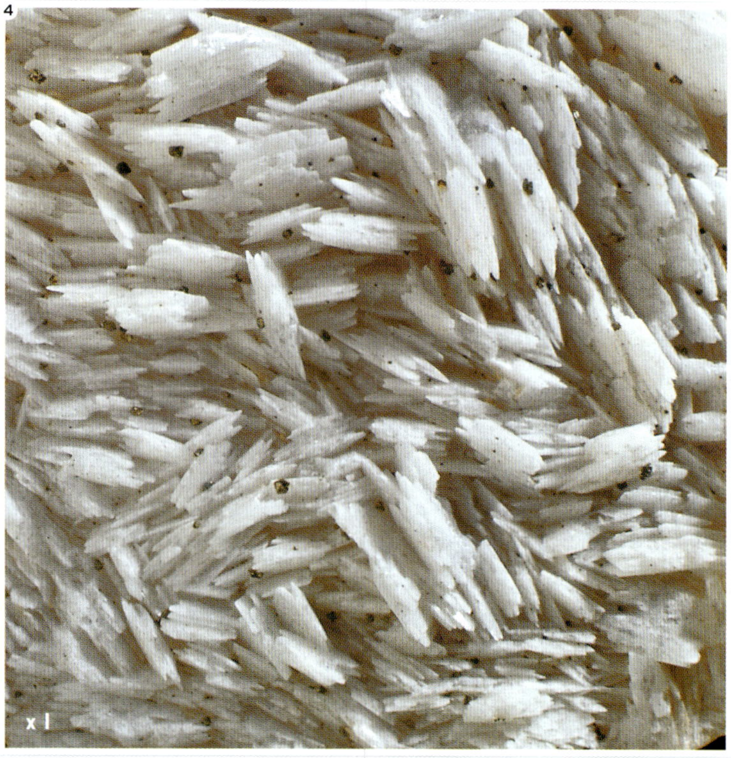

x 1

5

x 1/2

6

x 2

x 3

Baryt

Barytkristalle können so miteinander verwachsen sein, dass sie an einer Kante wie um eine Achse miteinander verbunden sind. Der Anblick erinnert an ein aufgeschlagenes Buch **(1)**. Manchmal bilden sie strahlige Gruppen **(7)** oder sitzen dicht an dicht, wie die Stacheln bei einem Igel **(2)**. Baryt kann auch als stalaktitische Ablagerung an Thermalquellen mit honiggelben bis schwefelgelben Kristallen erscheinen **(6)**. Unter diesen Bedingungen können große prismatische Monokristalle **(5)** entstehen, die bei Sammlern sehr beliebt sind. Die stalaktitischen Formen **(3)** können mit ein wenig Fantasie als Bildnisse gedeutet werden.

Baryt bildet auch ungeordnet liegende Haufen tafeliger Kristalle **(4)** und körnige Aggregate, hauptsächlich in Adern.

Anhydrit und wasserfreie Sulfate

Wasserfreie Sulfate enthalten $(SO_4)^{2-}$-Gruppen, die durch Metallionen gebunden sind; diese rücken sie je nach Größe mehr oder weniger auseinander: die Na+-Ionen begnügen sich im Thenardit mit einer Oktaeder-Position (sechs O^{2-}-Nachbarn), umgeben sich aber im Glauberit mit sieben Sauerstoffionen. Die Calciumionen Ca^{2+} benötigen eine würfelige Lücke, denn sie umgeben sich sowohl im Glauberit als auch im Anhydrit mit acht Sauerstoffionen. Die großen Kationen Strontium- Sr^{2+}, Blei- Pb^{2+} und Bariumionen Ba^{2+} umgeben sich mit zwölf Sauerstoffionen, und die Polyeder, die sie beim Coelestin, Anglesit und Baryt besetzen, sind komplex. Alle diese Mineralien haben jedoch im Grundaufbau eine ähnliche Struktur.

Die seltenen **Anhydrit**kristalle erscheinen als tafelige Prismen **(2)**. Spaltbarkeit besteht nach drei Richtungen, wobei die Anhydritkristalle **(1)** rechteckig spalten. An der Oberfläche kann sich Anhydrit in Gips mit einer Volumenzunahme umwandeln. Der Anhydrit bildet auch faserige Konkretionen **(3)**.

Coelestin bildet mal längliche, mal gedrungene Prismen mit vollkommener Spaltbarkeit. Die nadelförmigen Coelestinkristalle können sich wie ein Fächer ausbreiten **(8)** oder an eine Kugel **(5)** erinnern – und trotz des himmlischen Namens zeigt der Coelestin keineswegs immer eine himmelblaue Farbe **(5)**.

Anglesit ist niemals nadelförmig; seine gedrungenen Prismen sind gestreift **(4)**. Die gelben orthorhombischen Prismen mit Pyramidenflächen findet man gelegentlich in Neukaledonien (Südwestpazifik).

Der **Glauberit** bildet tafelige rautenförmige Kristalle und gedrungene Prismen mit vollkommener Spaltbarkeit. Man findet ihn in großen Mengen in Salzstöcken **(6)**.

Thenardit bildet orthorhombische Dipyramiden **(7)**, die manchmal innig miteinander zu einem Kreuz verwachsen sind (Zwillingskristall). Die Spaltbarkeit ist vollkommen. Thenardit kommt auch als Kruste vor.

1

2

3

4

5

6

7

8
x 5

1

2

3

4

5

Gips – Chalkanthit – Kröhnkit

Hauptbestandteil von Gips (Selenit) ist $[Ca(SO_4)]^0$. Er ist elektrisch neutral und hat zwei Wassermoleküle $(H_2O)^0$ in sein Kristallgitter eingebunden. (SO4)$^{2-}$-Tetraedergruppen sind zusammen mit den Ca^{2+}-Ionen auf parallelen Gitterebenen angeordnet, die durch van-der-Waals'sche Kräfte über Wassermoleküle (H_2O) miteinander verbunden sind. Die Ca^{2+}-Ionen sind oktaedrisch von sechs Sauerstoffionen umgeben, von denen vier von (SO^4)-Gruppen und zwei von Wassermolekülen stammen. Deswegen gibt es drei Spaltbarkeiten, die eine leicht und vollkommen, eine weitere gut und die dritte faserig. Die flachen prismatischen Kristalle laufen manchmal zu Fasern oder in parallel liegende Nadeln aus (Fasergips, **2**), in Bouquets **(6)** oder in stalaktitische strahlige Kristallhaufen. Die innige Verbindung zweier Kristalle, eine Verzwilligung, sieht aus wie eine Speerspitze **(5)** und wird auch als „Schwalbenschwanz" bezeichnet. In dürren und sandigen Gebieten bewirkt der Wiederanstieg selenhaltiger Gewässer, dass Gips, der während seiner Volumenzunahme Sand einfängt, **„Wüstenrosen"** bildet **(3)**. Der Gips bildet zudem feinkörnige durchscheinende Massen, die unter der Bezeichnung Alabaster zu Ziergegenständen und Skulpturen verarbeitet werden.

Von verwandter Struktur und leicht in Wasser löslich, bildet **Chalkanthit (1)** oder „Kupfervitriol" in kupferhaltigen Dürregebieten seltene gedrungene Prismen und meist Knollen und faserige Stalaktiten, die ebenfalls in den Minen entstehen. Auch **Kröhnit (4)** kommt dort in zentimetergroßen spaltbaren Prismen und faserigen Aggregaten vor.

6

Kupferhaltige Sulfate

Alle kupferhaltigen Sulfate entstanden durch Veränderung der Oberflächenbereiche von Kupferlagerstätten, vor allem in Wüstenregionen.

Der blei- und kupferhaltige **Caledonit** heißt so nach Kaledonien, dem alten Namen Schottlands; er bildet kleine streifige prismatische Kristalle **(1)** von vollkommener Spaltbarkeit, die manchmal fächerförmig angeordnet sind; selten gibt es auch körnige, krustige Massen **(4,** blaugrüne Kruste unter den Cyanotrichitnadeln).

Cyanotrichit (7) bedeutet „blaue Haare" (vom griechischen *kyanos*, blau, und *thrix*, Haare), heißt auch **Lettsomit (3)** und bildet kurze azurblaue Haare, die als samtartige, radialstrahlige Büschel angeordnet sind.

Beim **Spangolit (2)** handelt es sich um millimetergroße hexagonale pyramidenförmige Prismen, die auf primär gebildeten Kupfermineralien (Sulfide) krustig aufgewachsen sind.

Langit (5) bildet faserig-blättrige Konkretionen kleiner spaltbarer, tafeliger, mehr oder weniger langer Kristalle. Zwillings- und sternförmige Drillingsverwachsungen sind häufig.

Serpierit (6) bildet millimeterkleine dünne Blättchen, die meist in Büscheln auf Smithsonit aufgewachsen vorkommen, hauptsächlich in den historischen Minen von Laurion bei Athen, Griechenland.

1

2

3

4

5

6

7

1

2

Sulfate – Arsensulfate – Karbonylsulfate

Brochantit ist ein wasserfreies hydroxyliertes Kupfersulfat. Es kristallisiert in gestreiften prismatischen Kristallen, die an mal höhere, mal niedrige Säulen erinnern, doch meist aus faserigen oder nadeligen Knollen und körnigen stalaktitischen Aggregaten **(5)** bestehen.

Unter den zahlreichen Eisenhydrat-Sulfaten bildet der **Fibroferrit**, das ist basisches Eisensulfat, nadelige Kristalle, die sich zu zarten blassgelben faserigen Aggregaten fügen **(4)**.

Zu den bimetallischen Sulfaten zählt der blei- und kupferhaltige **Linarit** mit millimetergroßen tafeligen länglichen Kristallen **(6, 7)**, aber er kristallisiert auch in Kristallkrusten, die große Ähnlichkeit mit Azurit haben.

Jarosit enthält Kalium und Eisen, manchmal kommt er in winzigen, tafeligen rhomboedrischen Kristallen vor **(2)**, oft in krustigen faserigen oder körnigen Aggregaten oder als erdige Konkretionen.

Beudantit ist ein blei- und eisenhaltiges Arsensulfat mit millimetergroßen pseudokubischen Kristallen **(3)** und kommt auch als faserige Krusten oder körnige Aggregate vor. Das bleihaltige Karbonsulfat **Leadhillit** (entdeckt wurde es in den schottischen Bergen, und der Ortsname Leadshill, „Bleihügel", verdankt sich diesem Fund) kommt in manchmal pseudohexagonalen Platten vor, die Spaltbarkeit ist vollkommen, und die Spaltflächen sind perlmuttglänzend **(1)**. Leadhillit neigt zu Pseudomorphose nach Galenit oder Calcit, er kann auch blättrige Verkrustungen bilden.

3

4

5

6

7

1

2

3

4

5

6

Wolfram

Die Struktur der **Wolframate** zeichnet sich durch Anwesenheit unabhängiger tetraedrischer $(WO_4)^{2-}$-Gruppen aus, die jeweils aus einem Wolframion W^{6+} bestehen, das von vier Sauerstoffionen O^{2-} umgeben ist. Diese Gruppen sind an Metallionen gebunden, und zwar in Wolframit an Eisen und Mangan, im Scheelit an Calcium und in Stolzit an Blei.

Wolframit ist eine Mischkristallreihe zwischen dem eisenhaltigen Ferberit und dem manganhaltigen Hübnerit. Die prismatischen Kristalle können nadelig sein und dicke längs gestreifte Tafeln bilden **(1)** oder lang sein und Prismen mit drei rechten Winkeln gleichen **(5)**. Hübnerit kommt oft in nadelförmigen Büscheln vor.

Der calciumhaltige **Scheelit** oder Tungstein kristallisiert in tetragonalen Dipyramiden **(2)**, die oft zu Durchdringungszwillingen verwachsen **(4)** oder parallel verwachsen sind **(6)**. Dieses Mineral bildet auch solide körnige Aggregate. Manchmal bindet es kleine Mengen an Molybdän und wandelt sich damit in Powellit.

Der bleihaltige **Stolzit** zeigt eine ähnliche Struktur wie Wulfenit: seltene auseinander gezogene Dipyramiden **(7)**, kleine kurze Prismen, tafelige Kristalle, manchmal in kugeligen Aggregaten **(3)** oder Knollen, ebenfalls in körnigen Massen.

7
x 20

1

Molybdate

Der Struktur nach sind **Molybdate** den Wolframaten analog, mit denen sie manchmal auch Mischkristallreihen bilden. Charakteristisch für diese Salze der Molybdänsäure sind die $(MoO_4)^{2-}$-Gruppen, bei denen vier Sauerstoffionen O^{2-} um ein Molybdänion Mo^{6+} angeordnet und durch Metallionen gebunden sind.
Der calciumhaltige **Powellit** ist das Molybdänequivalent des Scheelits; allerdings sind seine Kristalle, dipyramidal **(1)** oder tafelig, sehr selten. Pseudomorphosen des Molybdänits (Molybdänglanz) bildet Powellit in Form feinpulveriger oder feinblättriger Strukturen.
Der bleihaltige **Wulfenit** (benannt nach dem österreichischen Mineralogen Franz Xaver von Wulfen, 1728–1805; auch Gelbbleierz) ist ein Äquivalent des Stolzits, Bleiwolframat, von dem er schwer zu unterscheiden ist. Er bildet tafelige **(3, 5)**, blättrige Kristalle von einem prachtvollen Gelb-Orange **(6, 7)**. Gedrungene oder gestreckte Oktaeder (tetragonale Dipyramiden) kommen ebenso vor wie derbe, körnige Aggregate und erdige Massen.

2

3

4

5

Chromate

Wie die Molybdate und Wolframate enthalten die **Chromate** unabhängige tetraedrische Gruppen $(CrO_4)^{2-}$; hier werden sie durch ein Chromion Cr^{6+} gebildet, das von vier durch Metallionen gebundenen Sauerstoffionen O^{2-} umgeben ist.
Unter den verschiedenen bleihaltigen Chromaten bildet der typisch zinnoberrote **Krokoit (4)**, auch Rotbleierz genannt, längliche Prismen mit glänzenden streifigen Flächen (**2** und Seite 127, Abb. **7**). Es gibt auch körnige Aggregate nadelförmiger Kristalle.

6

7

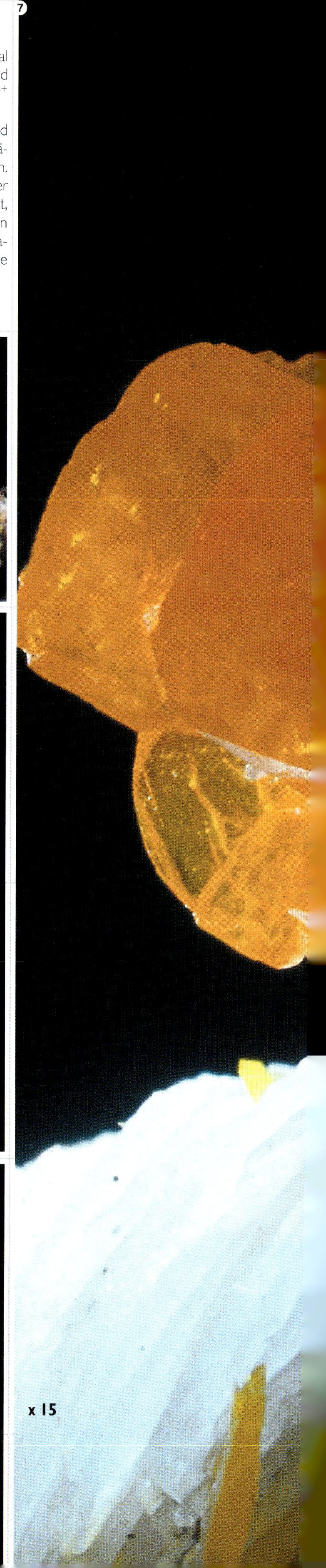

1

2

Apatit

Wegen seiner äußeren Ähnlichkeit mit dem Beryll kann der Apatit diesen vortäuschen, und genau das besagt auch sein Name (vom griechischen *apatao*, täuschen, betrügen). $[Ca_5(PO_4)_3]^+$ bildet ein Gerüst aus Calciumionen Ca^{2+}, die tetraedisch an (PO_4)-Gruppen aus einem Phosphorion P^{5+} mit vier Sauerstoffionen O^{2-} gebunden sind. Die Struktur des Apatits ist zwar anders als die des Berylls aufgebaut, besitzt aber ebenso wie dieser parallele Strukturkanäle. Einer von zwei Kanälen wird hier beim Hydroxylapatit von $(OH)^-$, beim Fluorapatit von F^-, beim Chlorapatit von Cl^- und beim Hydroxylapatit von O^{2-} besetzt; diese bilden vollkommene Mischkristallreihen miteinander. Die **Apatit**gruppe $(PO_4)^{3-}$ kann teilweise durch $(CO_3)^{2-}$ ersetzt werden; dann entsteht Francolit (oder Carbonatapatit). Ersetzt man einen Teil des Calciums, dann bewirken verschiedene Metallionen wie Strontium (Sr), Mangan (Mn) oder so genannte „Seltenerdenmetalle" (Y, La, Ce) verschiedene Farbgebungen beim Apatit: farblos, verschiedene Gelbtöne (goldgelb, **8**), grün, blau (helles Pastellblau, **6**, Pastell, **3**, helles Indigo, **5**) und rosa (**2** auf Dolomit). Die Kristalle sind hexagonale Prismen, mitunter längs gestreift **(7)**, mit Grundflächen, die manchmal wie der Beryll durch eine Abschrägung enden; pyramidenförmige Enden **(1)** kommen seltener vor.

Aus Apatit besteht ein beachtlicher Teil des Skeletts und der Zähne zahlreicher Tiere (z.B. Elfenbein). Außerdem bildet er in Sedimentgesteinen knollige Konkretionen, so genannte „Kollophane" und „Osteolithe" **(4)**, aus denen kleine Objekte (z.B. Opiumfläschchen) hergestellt wurden.

3

4

5

6

7

x 2

8

x 5

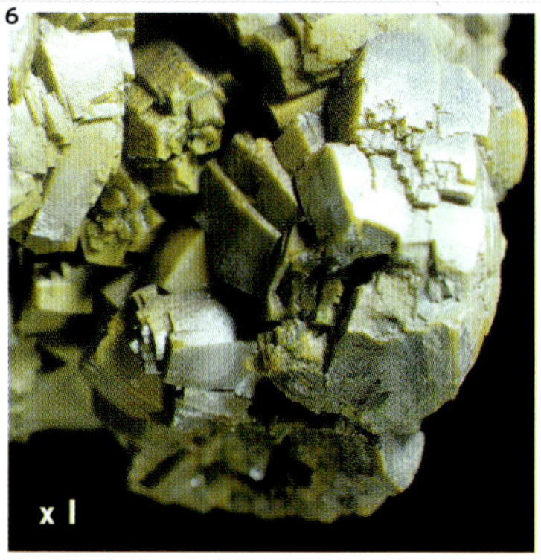

Pyromorphit

Bleichlorphosphat, **Pyromorphit** oder **Grünbleierz** (auch Braunbleierz) hat die gleiche Struktur wie Chlorapatit, in dem Bleiionen Pb^{2+} die Calciumionen Ca^{2+} ersetzt haben. Er bildet gleichwohl keine Mischkristallreihe mit den Apatiten. Der Austausch Phosphor – Arsen hingegen kann vollständig erfolgen, wodurch eine komplette Mischkristallreihe von Pyromorphit zu Mimetesit zustande kommt.

Die Kristalle, die manchmal in parallelen Gruppen liegen **(8)**, sind hexagonale Prismen mit glatten **(8)**, oft (wie beim Apatit) abgeschrägten Kopfflächen **(4)**; häufiger bilden sich flache **(3)** oder lang gestreckte Pyramiden **(1)** als Kopfflächen aus. Diese Prismen sind manchmal gedrungen **(2, 6)**, meistens aber länglich und gelegentlich sogar nadelig. Fächer- oder büschelartige Gruppierungen **(7)** von Pyromorphitkristallen kommen häufig vor, ebenso bilden sich oft faserige oder körnige Massen **(5)**.

8

1

Mimetesit

Mit Pyromorphit bildet **Mimetesit** eine vollständige Mischkristallreihe, indem sein Arsen sukzessiv durch Phosphor ausgetauscht wird. Die Struktur gleicht der des Pyromorphits, und auf diese Ähnlichkeit bezieht sich auch der Name (griechisch *mimetes*, Nachahmer, **1**). Die durchgehend längs gestreiften, hexagonalen pyramidenförmigen Prismen **(7)** sind häufig gedrungen, sie stehen manchmal in parallelen schlanken Prismen – wie Zähne eines Kamms – zusammen. Mitunter sind die Kristallflächen gewölbt – dieser fässchenförmige Phospormimetesit wird als **„Kampylit"** bezeichnet **(2, 3)** (vom griechischen *kampe*, Wölbung). Am häufigsten findet man kugelige **(4, 5)**, traubenförmige, stalaktitische **(4)** Konkretionen. Körnige und faserige Haufen kommen ebenfalls vor **(6)**.

2

3

4

5

6

7

Lazulit - Amblygonit - Brasilianit - Triphylin

Lazulit (4, 6) ist eine Magnesium-Hydroxylphosphatverbindung, die eine vollständige Mischkristallreihe mit **Scorzalith (2)** bildet, indem das Magnesium sukzessiv durch Eisen ersetzt wird. Die Kristalle sind sehr spitze Doppelpyramiden in dunklem Azurblau. Sie wurden ursprünglich in Quarziten in Georgien entdeckt.

In brasilianischem Pegmatit wurden erstmals die blassgrünen, manchmal gelblichen, vollkommen spaltbaren **Brasilianit**kristalle (**1**, hier auf Glimmer) gefunden, eine Aluminium-Natrium-Hydroxylphosphatverbindung. Die gedrungenen gleichmäßig dimensionierten Prismen weisen oft zahlreiche Flächen auf. Im Juwelierhandwerk wurde das Mineral seit jeher verarbeitet.

Unter den Lithiumphosphatverbindungen weist die aluminiumhaltige Mischkristallreihe (fluorierter) **Amblygonit** – (hydroxylhaltiger) **Montebrasit** vollkommen spaltbare gedrungene prismatische Kristalle auf **(5)**, die Feldspäten gleichen und zu Schmuck verarbeitet werden. Sie gehören zu den seltenen Lithiumminerale.

Die Eisen-Mangan-haltige Mischkristallreihe **Triphylin** (Eisen) – **Lithiophilit** (Mangan) kommt – selten – in Form pseudohexagonaler prismatischer Kristalle von ausgezeichneter basaler Spaltbarkeit vor **(3)**: Diese Mineralien bilden spaltbare Kristallaggregate, deren Spaltflächen an der Luft rasch schwarz anlaufen.

6

1

2

3

4
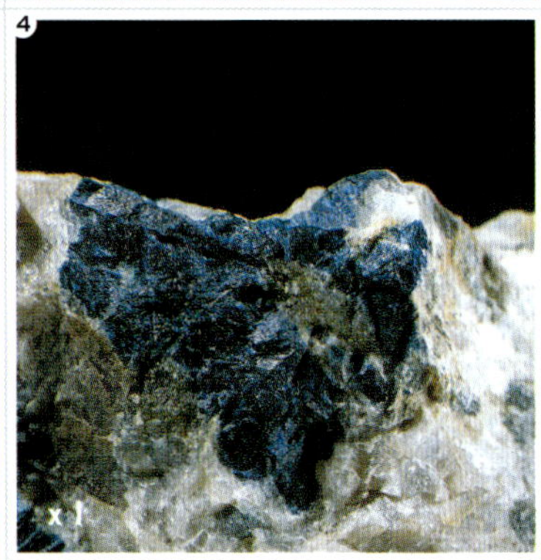

5

Herderit – kupferhaltige Phosphate – Vauquelinit

Die Struktur von **Herderit**, einem Beryllium-Calcium-haltigen Fluorphosphat, besteht aus pseudotetragonalen Blättchen, die aus Ringen mit vier und acht tetraedrischen Elementen (PO_4) und [$BeO_3(OH)$] gebildet werden, die wiederum durch gemeinsame Sauerstoffionen und Calciumionen verbunden sind. Die Herderitkristalle treten manchmal als gedrungene Prismen (**2,** mit Turmalin), manchmal länglich, manchmal tafelig auf. Sie erscheinen annähernd hexagonal **(6)** und enden in einem Doma (dachförmig).

Die Kupferhydroxylphosphate findet man in oxydierten Schichten von Kupferlagerstätten. Der **Pseudomalachit (3)** sieht aus wie Malachit und kommt in traubigen faserigen Konkretionen vor **(5)**. Er ist Bestandteil des Eilatsteins, den man auf der Sinaihalbinsel – in den einstmaligen Minen des Königs Salomon – findet. **Cornetit** bildet gedrungene Prismen und blaugrüne mikrokristalline Verkrustungen **(1)**. **Libethenit** zeigt gedrungene, mit einem Doma endende Prismen, die ein Oktaeder vortäuschen können, wenn Prisma und Doma gleich groß sind **(4)**.

Der **Vauquelinit**, ein Blei-Kupfer-haltiges Hydroxylchromphosphat, erscheint in Form millimetergroßer flacher dunkelolivgrüner Prismen, die oft in den oberflächlichen Schichten von Bleilagerstätten vorkommen und mit den roten Krokoitprismen einen hübschen Kontrast bilden **(7)**.

1

2

3

4

5

6

7

x 10

1

2

3
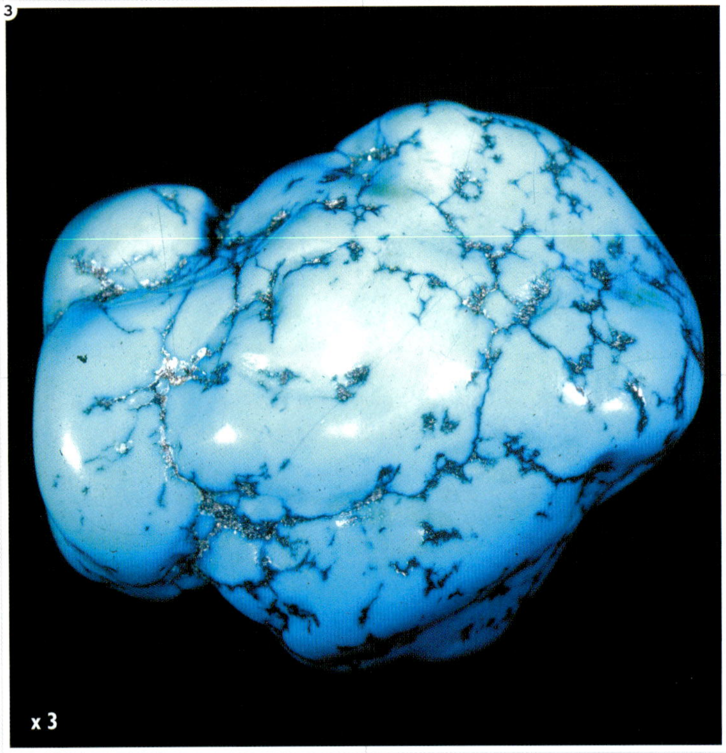

4

5

6

Türkis – Aluminiumphosphate

Seit Jahrtausenden ist der **Türkis**, ein wasserhaltiges Aluminium-Kupfer-Phosphat, als Schmuckstein begehrt und war schon im altägyptischen Reich Objekt kriegerischer Auseinandersetzungen. Man findet ihn an der Oberfläche von Kupferlagerstätten in Form von Kügelchen oder kryptokristallinen Krusten, die von dunklen Äderchen durchzogen sind – Relikte der Gesteine, auf und in denen er entstand. Die hundertstel Millimeter kleinen, durch ihren Gehalt an Kupfer blau-grün eingefärbten Kristalle können entweder kompakte, für das Juwelierhandwerk geeignete Massen oder sehr poröse, mehr oder weniger kreidige Kügelchen bilden, die heutzutage durch Imprägnieren mit manchmal farbigem Kunststoff künstlich verfestigt werden **(3)**. Seit der Antike wurden Türkise verschiedentlich imitiert – seit Mitte des 20. Jahrhunderts werden sie synthetisch hergestellt, häufig aber auch veredelt, und zwar so gut, dass der natürliche, für die Herstellung von Schmuck geeignete Türkis bis heute ein beliebtes und begehrtes Mineral ist.

Andere hydroxylhaltige Aluminiumphosphate können an Türkis erinnern: **Variscit** (oder **Utahlith**) z.B. sieht fast genauso aus **(6, 8)**. Dieser Schmuckstein ist das Wahrzeichen des amerikanischen Bundesstaates Utah. Ein Begleitmineral von Türkis ist schließlich der **Wavellit** (Fischerit), der meist radialstrahlige, manchmal stalaktitische Aggregate bildet **(1, 4, 5)**; gelegentlich kommt er auch in Form gedrungener spaltbarer Prismen vor.

Childrenit, ein Eisen-Mangan-haltiges hydroxylhaltiges Aluminiumphosphat, das mitunter millimetergroße, streifige prismatische Kristalle bildet **(7)**, findet man vorwiegend als faserige Krustenbeläge.

Das hydrierte Aluminium-Strontium-Phosphat **Goyazit,** das meist millimetergroße **(2)**, ausnahmsweise zentimetergroße, vollkommen spaltbare hexagonale Täfelchen bildet, kommt auch in Form von Pseudokuben vor. Seine Kohäsion ist stark genug, dass man es in manchen diamantführenden Seifen als durch Abrollung gerundete Körnchen finden kann.

7

8

x 5

1

x 1

2

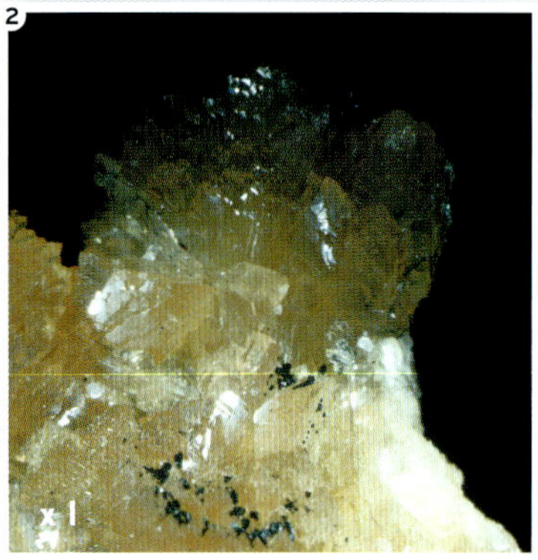

x 1

3

x 5

4

x 2

Vivianit – verschiedene Phosphate

Zu den hydroxylhaltigen Eisenphosphaten, die im Oberflächenbereich von Eisenlagerstätten vorkommen, gehört **Vivianit (5)**, der an der Luft sehr rasch schwarz oxidiert. Nur im afrikanischen Kamerun kommt er in Rosetten aus anderthalb Metern langen Riesenkristallen vor. Normalerweise sind die eher tafeligen und langprismatischen Vivianitkristalle 15- bis 20-mal kleiner. Die seltenen tafeligen Kristalle können als sternförmige Aggregate, faserige Konkretionen, traubig oder in krustigen kristallinen Massen angeordnet sein. **Kakoxen (1)** findet man als wenige Millimeter große, nadelförmige goldgelbe Kristalle, die als radialstrahlige Rosetten oder faserige Krusten angeordnet sind. Mit Bergkristall verwachsen stellt Kakoxen einen hübschen und außergewöhnlichen Schmuckstein dar.

Hopeit (3), ein hydroxylhaltiges Zinkphosphat, bildet Krusten an der Oberfläche von Zinkvorkommen oder auch Fächer kleiner spaltbarer prismatischer oder tafeliger Kristalle. Ein mangan- und hydroxylhaltiges Eisen-Zink-Phosphat, der **Phosphophyllit (4)**, entsteht ebenfalls oberflächlich und bildet dort zentimetergroße dichte tafelige Kristalle, die oft als Zwillinge oder Viellinge verwachsen sind.

In Pegmatiten kann der **Huréaulit (2)**, ein hydroxylhaltiges Manganphosphat, längs gestreifte, im Idealfall zentimetergroße Prismen bilden; normalerweise kommt er jedoch in faserigen oder kompakten Massen vor. Auch **Ludlamit (6)**, ein ebenfalls im Pegmatit anzutreffendes Eisen-Magnesium-Mangan-Phosphat, weist facettenreiche spaltbare Kristalle auf und kann auch grünfarbene körnige Haufen bilden.

5
x 1

6
x 10

Kupferhaltige Arsenate

Bei sämtlichen auf dieser Doppelseite vorgestellten **Kupferarsenaten** handelt es sich im Allgemeinen um hydrierte Mineralien, die durch Oxidationsprozesse in der obersten Schicht von Kupferlagerstätten entstanden sind. Infolge ihres unterschiedlichen Kupfergehalts weisen sie jeweils verschiedene Abstufungen von Blau-Grün auf.

Das hydroxylhaltige Kupferarsenat **Olivenit** bildet faserige **(9)**, manchmal körnige **(10)** Massen sowie strahlige Aggregate nadeliger, mitunter gedrungener Prismen und sogar haarfeine Fasern („Weißkupfer" oder Leukochalzit). Mit Adamin (siehe Seite 134) besteht eine vollständige Mischkristallreihe, indem das Kupfer sukzessiv durch Zink ersetzt wird.

Der hydrierte **Euchroit** bildet vertikal gestreifte kurze Prismen **(3, 6)**, manchmal in Form von Doppelpyramiden.

Calciumhaltig und nicht hydriert tritt der **Konichalzit** in Form radialstrahliger warziger Krusten auf, die an Malachit erinnern **(5)**.

Der aluminiumhaltige **Lirokonit** bildet flache streifige Doppelpyramiden **(7)**, die wie Linsen aussehen (Linsenerz); man findet ihn häufig mit Chrysokoll zusammen.

Der wismuthaltige **Mixit** zeigt sich mit feinen längsstreifigen Nadeln **(2)**; er bildet radialstrahlige Krusten und nierige Aggregate mit körnigem Zentrum und radialstrahliger Peripherie und wirkt daher büschelartig.

Der calciumhaltige kohlensaure **Tirolit** oder „Kupferschaum" besteht aus zentimetergroßen blättrigen Kristallen, dessen Spaltblättchen biegsam sind. Die gewöhnlich in Rosetten stehen **(4)** und meist schuppige warzige Krusten bilden; Tirolit kommt auch in nierigen strahligen Aggregaten vor.

Der aluminiumhaltige schwefelsaure **Chalkophyllit** (Kupferglimmer) bildet dünntafelige hexagonale Kristalle **(1, 8)**, die in Rosetten und massiven blättrigen Aggregaten angeordnet sind. Beim Spalten entstehen auch hier dünne biegsame Blättchen.

1

2
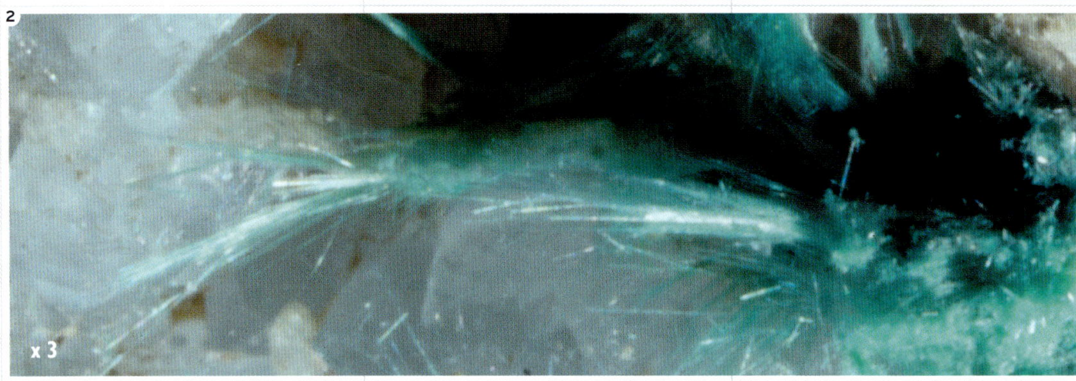

3

4

6

5

7

x 1

8

x 8

9

x $\frac{1}{2}$

10

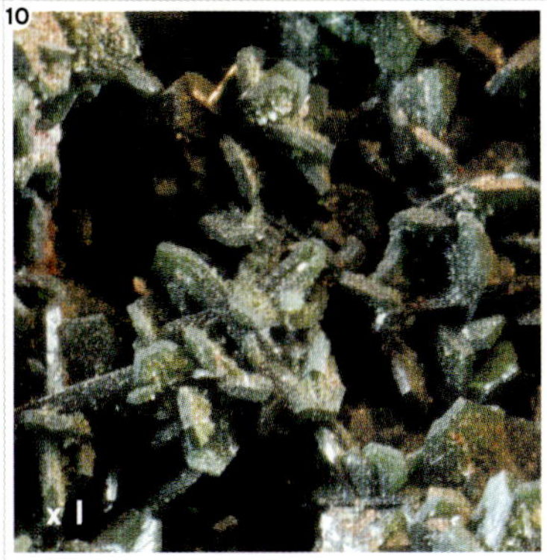
x 1

1

2

3

4

5

6

7

8

Calcium-, Eisen-, Magnesium- und Zinkarsenat

Bei sämtlichen hier porträtierten **Arsenaten** handelt es sich um Mineralien, die durch Oxydation metallhaltiger Mineralien im oberflächennahen Teil der Lagerstätten entstehen.

Sainfeldit, ein hydriertes Calciumarsenat, entsteht in alten Erzgruben und hat das Aussehen strahliger Rosetten aus millimetergroßen rosa Kristallen **(4)**.

Auch **Arseniosiderit,** hydriertes Eisen-Calcium-Arsenat, entsteht beim Verwittern von Erzgängen. Er bildet traubige Aggregate **(8)** von nadeligen braungelblichen, seidigen und leicht ablösbaren Kristallen.

Pikropharmakolith, ein hydriertes Calcium-Magnesium-Arsenat, bildet Haufen von strahligen nadeligen Kristallitkugeln **(2)**. Oft ist er mit Sainfeldit und mit faserigen Krusten des rein calciumhaltigen Pharmakolits vergesellschaftet, der Rosetten aus ebenfalls farblosen nadeligen Kristallen bildet.

Pharmakosiderit, hydriertes Kalium-Eisen-Arsenat, kommt in millimetergroßen gelbgrünen Würfeln vor, die zu Krusten gefügt sind **(3)**; er kann auch mehr oder weniger erdige einfache Überzüge bilden.

Aus hydriertem Zinkarsenat besteht **Legrandit;** er bildet strahlige Aggregate aus länglichen hellgelben blättrigen Prismen **(1)**, die im Allgemeinen in Pyramiden enden und gut spaltbar sind.

Auch das hydroxylhaltige Zinkarsenat **Adamin** kommt in strahligen Aggregaten von Prismen vor **(6, 9)**, die Millimetergröße, manchmal sogar Zentimetergröße erreichen **(5, 7)**. Kobalthaltiger Adamin ist rötlich gelb **(6)**, kupferhaltiger bläulich grün **(9)**. Mit Olivenit bildet Adamin übrigens eine vollständige Mischkristallreihe, in der das Kupfer nach und nach durch Zink ersetzt wird. Auch Adaminkrusten kommen vor.

9

x 4

1

x 30

2

x 5

7

x 10

3

x 1

4

x 5

5

x 1

6

x 1

Vanadate

Vanadate bilden sich in den oberen Schichten von Metalllagerstätten durch Oxidationsvorgänge.
Der Blei-Chlor-haltige **Vanadinit (5, 6, 7)** tritt in ariden Gebieten auf und hat die Struktur von Apatit. Wird das Vanadium durch Arsen (bis zu 50 %) ersetzt, dann wird der Vanadit dem Mimetesit zunehmend ähnlicher. Die Kristalle gleichen denen der Pyromorphit-Mimetesit-Reihe: zentimetergroße, mitunter tafelige gedrungene Prismen; manchmal bilden sich traubige Aggregate, faserige Strukturen sind allerdings selten.
Descloizit ist hydroxylhaltiges Blei-Zink-Vanadat und durch Austausch von Zink und Kupfer mit Mottramit vollständig mischbar. Er kristallisiert häufig in Prismen mit Doma – das sind dachförmig geneigte Kopfflächen eines Kristalls, die spiegelsymmetrisch zueinander stehen – und zentimetergroßen tafeligen Pyramiden. Die Kristalle bilden auch faserige oder krustige radialstrahliger Aggregate mit kristallinen Spitzen **(1)**.
Cafarsit ist ein wasserhaltiges Vanadat, das Eisen, Titan, Mangan und Calcium enthält. Seine braungelbe Farbe gleicht oxidiertem Pyrit. In den Spalten von Schiefer bildet es Würfel, Kuboktaeder **(3)** und Rhombendodekaeder.
Klinoklas ist ein Kupfer-Hydroxyl-Arsenat (**2,** siehe Seite 132).

Uraninit und einige alterierte Mineralien

Uranoxid bezeichnet man als **„Uraninit“**, wenn es in kubischen Kristallen **(3)**, und als **Pechblende** (oder als **Gummit**, Seite 48, Abb. **8**), wenn es kollomorph vorliegt. Es ist das wichtigste Uranmineral und wurde früher einzig dazu benutzt, um Glas und Keramik gelb zu färben.

In den oberflächlichen Zonen seiner Lagerstätten erfährt dieses Mineral verschiedene Veränderungen, die es in sehr zahlreiche so genannte „Alterationsminerale“ umwandeln – Silikate, Vanadate, Phosphate, Arsenate, von denen die meisten eine ähnliche Struktur wie das Ursprungsmineral vor der Alteration Autunit haben (siehe Seite 140): Sie bestehen aus Uransilikat- oder -vanadatschichten, die unter Beteiligung von Wassermolekülen durch Metallionen wie Calcium, Blei usw. verbunden sind. Diese Mineralien bevorzugen dann naturgemäß eine der Formen des Autunits.

Unter den Uransilikaten bildet der calciumhaltige **Uranotil (2)** kleine Sträuße nadelförmiger Kristalle, der bleihaltige **Kasolit (6)** radialstrahlige Aggregate und **Cuprosklodowskit** hellgrüne radialstrahlige Aggregate **(4)**.

Unter den Uran-Vanadium-Mineralien bildet der bariumhaltige **Francevillit (8)** Überzüge oder, selten, millimetergroße Kügelchen, rautenförmige Täfelchen. Der aluminiumhaltige **Vanuratit (1)** kommt in stalaktitischen Haufen aus flachen Kristallkörnchen vor. Unter den Uran-Phosphat-Mineralien weist der bleihaltige **Renardit (7)** längliche Blättchen auf.

Novacekit (5), ein magnesiumhaltiges Uranarsenat, bildet dünne Blättchen.

1

2

3

4

5

6

7

8

1

2

6

3
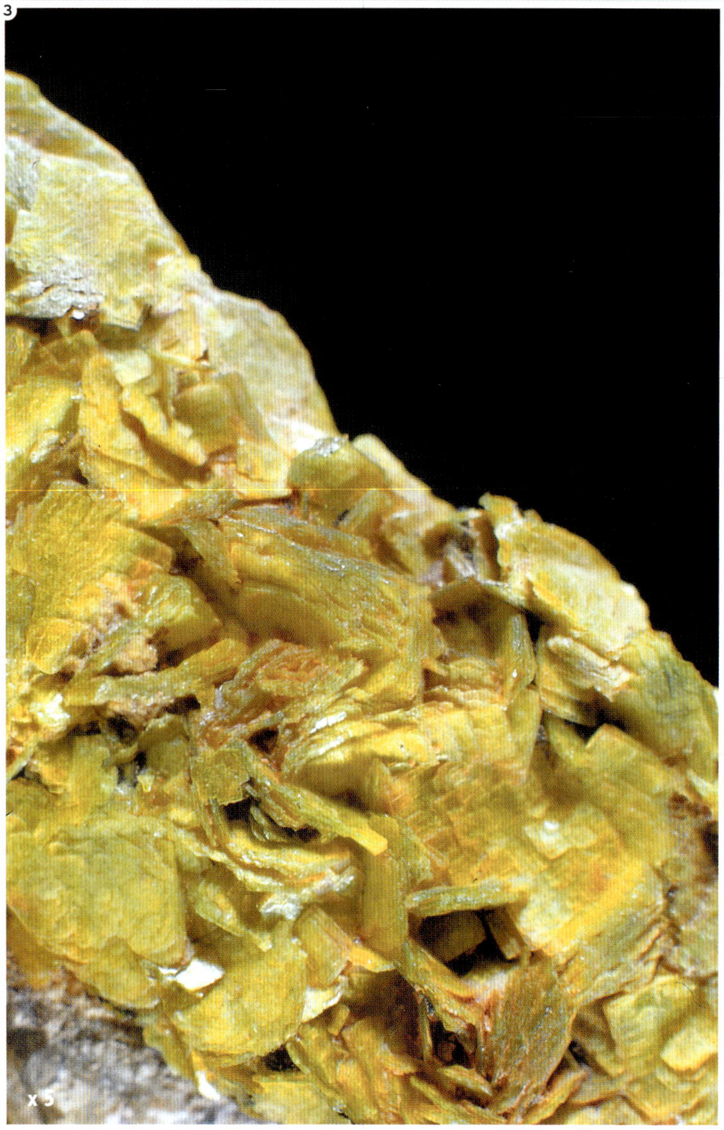

4

5

Autunit – Torbernit

Autunit und **Torbernit** (Kupferuranglimmer) sind wasserhaltige Uranphosphate, die in Alterationszonen der Pechblende häufig gemeinsam vorkommen. Dabei dominiert Torbernit, wenn Pechblende mit Kupfermineralien wie Chalkopyrit vergesellschaftet ist. Ihre Struktur ist identisch: Phosphat-Tetraeder $(PO_4)^{3-}$ und durch gemeinsame Sauerstoffionen verbundene (UO_2O_4)-Oktaeder bilden quadratische Schichten aus $[(UO_2)\ (PO_4)]^-$. Diese sind untereinander durch Calciumionen Ca^{2+} (im Autunit) oder Kupferionen Cu^{2+} (im Torbernit) verbunden, die von Wassermolekülen H_2O begleitet werden. Das ergibt eine den Glimmern analoge vollkommene Spaltbarkeit (Bildung nichtelastischer dünner Blättchen, so genannter „Uranglimmer"). Die gedrungenen tetraedrischen Kristalle treten häufiger beim grünen Torbernit **(2, 6)** als beim gelbgrünen Autunit **(1)** auf. Verbreiteter sind rechteckige oder achteckige Tafeln **(3)**. Beide Mineralien findet man auch parallel verwachsen. Die strahligen Autunitkrusten **(5)** und die schuppigen Torbernitmassen **(4)** veranschaulichen den Charakter dieser beiden Mineralien als Alterationsprodukt.

Granate

Die Familie der Granate besteht aus zwei Hauptgruppen: den aluminiumhaltigen rotfarbenen Granaten (**Pyrop; Almandin, 1; Spessartin,** Seite 177, Abb. **7**) und den calciumhaltigen Granaten, die in verschiedenen Farben vorkommen (**Uwarowit, 5; Grossular, 2; Andradit**). Die kubischen Kristalle treten vor allem als Rhombendodekaeder auf **(6)** und werden deswegen auch „Granatoeder" genannt. Der Rhombendodekaeder entsteht, wenn man von einem Würfel die Kanten abschneidet, bis die Würfelflächen vollständig verschwinden **(1)**. Granaten trifft man häufig in Schiefergestein an **(Almandin, 6)**, aber auch in Flusskies **(Grossular, 2)**.

Die schwarzen **Andradite** nennt man auch **„Melanite"** (vom griechischen *melas*, schwarz) **(4)**, die orangefarbenen (hyazinthfarbenen) **Grossulare** oder **„Hessonite" (3, 7)** – ein Name, der auf die geringere Härte im Vergleich mit anderen Granaten anspielt (vom griechischen *hesson*, weniger).

Die aluminiumhaltigen Granate waren zur Zeit der Merowinger (6.–9. Jh.) besonders beliebt; damals verwendete man sie für dekorative Einlegearbeiten an Waffen, Harnischen und Schmuck. Im 19. Jahrhundert erlebten die Granate eine Renaissance. Heutzutage sind sie vor allem in anderen Farben als dem klassischen Dunkelrot begehrt – so z.B. **Demantoid**, ein grüner Andradit, oder **Tsavolith**, ein grüner Grossular, daneben Spessartin und orangefarbener Grossular sowie dichter **Hydrogrossular**, dessen Aussehen an Jade erinnert.

1

x 2

2

x 10

3

x 5

4

5

x 5

6

x 2

7

1

2

Olivin und Nesosilikate

Als **„Peridot“** bezeichnet man einen Mischkristall, dessen Chemismus – vom magnesiumhaltigen Forsterit bis zum eisenhaltigen Fayalit variieren kann und der Edelsteinqualität besitzt. Außerhalb des Juwelierhandwerks nennt man dieses Mineral **Olivin.** Fayalit wird durch Manganeinbau zu **Tephroit (2)**. Die Struktur dieser Mineralien besteht aus isolierten $(SiO_4)^{4-}$-Tetraedern, die durch Eisenionen Fe^{2+}, Magnesium Mg^{2+} oder Mangan Mn^{2+} verbunden werden. Wegen der in Inseln angeordneten (SiO_4)-Gruppen gehört Olivin, wie Granat, zu den Nesosilikaten. Die seltenen gut ausgebildeten Kristalle sind kurze orthorhombische Prismen; meist kommt Olivin in körnigen oder traubigen Aggregaten vor, wie hier in einem Basalt **(6)**.

Der berylliumhaltige **Phenakit (4)** besteht aus säulenartig gestapelten (SiO_4)- und (BeO_4)-Gruppen, die durch gemeinsame Sauerstoffionen in der Reihenfolge Si-Be-Be-Si-Be-Be-Si-usw. stabilisiert werden. Seine Kristalle, vertikal gestreifte Prismen, die in Rhomboederflächen enden, erinnern manchmal an Quarz. Von gleichartiger Struktur ist das Zinksilikat **Willemit (1)**, der in den oberen Schichten von Zinklagerstätten in Dürregebieten Fasern, aber auch millimeterkurze Prismen bildet.

Im **Zirkon (3, 7)** besetzt Zirconium das Zentrum eines deformierten Würfel, der durch die Sauerstoffionen der ihn umgebenden (SiO_4)-Gruppen gebildet wird, und zwar eines von jedem der vier seitlichen, zwei von jedem der beiden oberen und unteren; die Kristalle sind Prismen mit viereckiger Grundfläche, die in Pyramiden enden.

Der wismuthaltige **Eulytit (5)** bildet millimetergroße Tetraeder und manchmal braune Kügelchen in den oberflächlichen Schichten der Wismutlagerstätten.

3

5

4

6

x 1

7

x 10

Topas – Sphen

Der gewöhnliche **Topas** ist farblos **(1)**, kann aber in zahlreichen Farbnuancen schimmern, wobei Gelb **(3)** und Braun **(4)** („gebrannter Topas") am häufigsten sind. Rosa **(7)** und blaue (**6,** hier mit Quarz) Topase sind besonders begehrt. Seit dem 18. Jahrhundert werden lachsfarbene Topase erhitzt, um sie künstlich rosa zu färben. Die farblosen Topase werden mit Neutronen bestrahlt und anschließend erhitzt, damit sie blau werden (sie können dadurch radioaktiv werden). Topaskristalle können mitunter mehr als ein Meter lange Prismen mit rautenförmiger Grundfläche **(7)** und unterschiedlichen Enden ausbilden. Die Flächen des Prismas sind oft vertikal gestreift; daran kann man sie von Quarzkristallen unterscheiden, deren Prismenflächen parallel zur Basis gestreift sind **(6)**. Wegen der vollkommenen basalen Spaltbarkeit ist der Topas ein spröder Edelstein.

Sphen oder **Titanit** – die Namen erinnern an die eckige Form der Kristalle (vom griechischen *sphen*, Keil) bzw. an den Titangehalt – hat die gleiche Dichte wie Diamant und dient manchmal in der Juwelierkunst als Ersatz für diesen. Die Kristalle können Aggregate bilden **(5)** oder einzeln auf Feldspat aufsitzen (Sphen auf Orthoklas, **2**).

1

x $\frac{1}{2}$

2

x 1

3

x 2

4

x 1

5

x 3

6

x 1

7
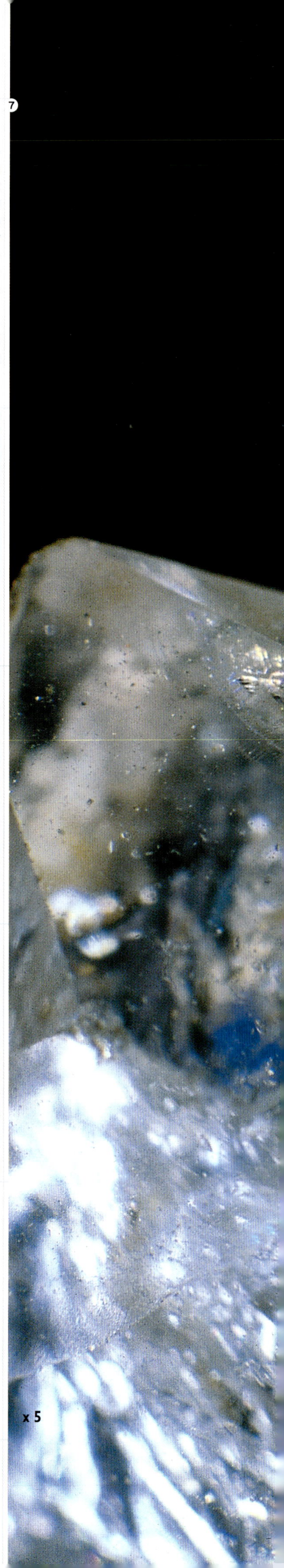
x 5

1

2

Euklas und einige Nesosubsilikate

Euklas (3) erinnert an Aquamarin. Manchmal begleitet er Topas und Beryll in bestimmten Pegmatiten in Form vertikal streifiger, zuweilen mehrere Zentimeter großer Prismen.

Dumortierit (4) entwickelt sich selten zu langen Prismen. Gewöhnlich bildet er Aggregate nadeliger Kristalle, manchmal auch strahlige Ansammlungen von Täfelchen. Gelegentlich werden sie von Quarz umschlossen, sie sehen dann aus wie der in der Schmuckverarbeitung sehr geschätzte blaue Aventurin.

Datolith (5) zeigt sich in Form gleichmäßig kurzer Prismen mit zahlreichen Facetten. Er wird manchmal zu Schmuck verarbeitet und erinnert dann an Topas. Datolith bildet auch nadelige oder körnige und krustige Aggregate.

Chloritoid (1) bildet pseudohexagonale Blättchen, die sich manchmal zu Rosetten fügen und oft schuppige Aggregate oder blättrige Massen bilden, die wie Chlorite aussehen.

Die linsenförmigen Kristalle des **Chondrodits (6)** haben zahlreiche Facetten. Oft handelt es sich um peridotähnliche Kügelchen, die in Marmorgestein eingesprengt sind, wo sie manchmal körnige Haufen bilden.

Grandidierit (2) besteht aus länglichen Prismen, manchmal tafeligen Kristallen, meistens aber aus Massen, die seine beiden rechtwinkligen Spaltbarkeiten erkennen lassen.

3

4

5

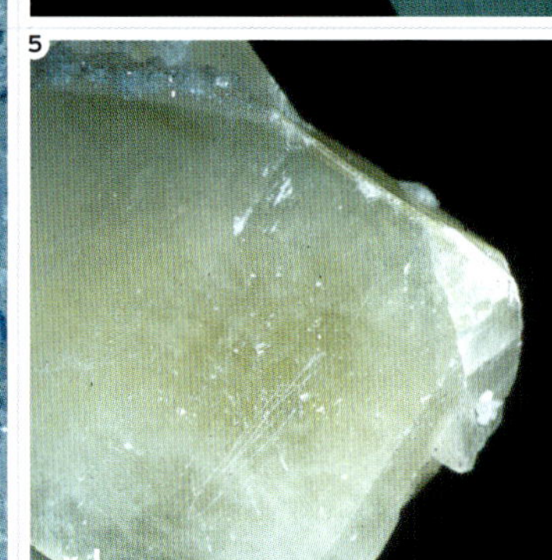

6

x 12

1

2

3

4

5

6

Hemimorphit und Sorosilikate

Mit **„Calamin“ (7)** bezeichneten Bergleute alle krustenartigen Vergesellschaftungen des Hemimorphits, des Cerussits und Smithsonits, die sie in den Bergwerksstollen fanden. Die Erzgänge, aus denen die Mineralien abgebaut wurden, würden sich danach wieder füllen – so glaubten die Bergleute –, und die Kristalle, die sie in Geoden entdeckten, hielten sie für Knospen, aus denen die Regeneration erfolgen würde (das lateinische Wort für Knospe, *gemma*, wurde im Deutschen zu „Gemme“ und meint ein transparentes Mineral, das vor allem in der Schmuckherstellung verwendet wird).

Hemimorphit (**1**, auf Wulfenit aufgewachsen; auch Kieselgalmei) kommt in perfekt spaltbaren prismatischen – häufig tafeligen, gestreiften oder eindeutig blättrigen – Kristallen vor. Diese können fünf Zentimeter lang werden und bilden manchmal radialstrahlige Aggregate **(4)**. Auch körnige und stalaktitische Massen, kompakte oder erdige Krusten können vorkommen.

Der dem Feldspat ähnliche **Lawsonit** entwickelt spaltbare Tafeln und prismatische Kristalle **(5)**, die einen halben Dezimeter groß werden können.

Ilvait lässt sich mit anthrazitschwarzem Epidot **(3)** vergleichen – auf Grund seiner vertikal gestreiften prismatischen Kristalle **(6)**.

Der berylliumhaltige **Bertrandit (2)** bildet kleine, tafelige, manchmal blättrige längliche Kristalle.

7
x 3

Metamorphe Nesosilikate

Die **metamorphen Silikate** entstehen in Gesteinen, die durch erhöhte Temperatur und Druck umgewandelt wurden: Sillimanit, Kyanit (Disthen) und Andalusit haben die gleiche chemische Zusammensetzung, Al_2SiO_5, aber die verschiedenen Anordnungen ihrer Ionen, die für die physikalischen Bedingungen ihrer Entstehung charakteristisch sind, bewirken unterschiedliche äußere Merkmale bei ihnen (Polymorphie).

Die Struktur von **Sillimanit**, einem bei hohen Temperaturen entstandenen Mineral, wird von einer doppelten Reihe (SiO_4)- und (AlO_4)-Tetraedern gebildet. So entstehen parallele Bänder ($AlSiO_5$), die durch Aluminiumionen in Oktaederstellung verbunden sind. Daraus resultieren faserige oder nadelige Kristalle **(5)** (daher auch Synonym **Fibrolit**).

Ein kontraktmetamorph entstandenes Mineral ist **Andalusit**, der Prismen mit rautenförmiger Grundfläche bildet **(1)**. Er besteht aus parallelen Ketten von (AlO_6)-Oktaedern, die durch (SiO_4)-Tetraeder verbunden sind, sodass jedes zweite Al^{3+}-Ion von fünf O^{2-}-Ionen umgeben ist. Wenn der Querschnitt der prismatischen Kristalle ein kohlschwarzes Kreuz aufweist, spricht man von einem **„Chiastolith“ (1)**.

Im **Kyanit** (oder **Disthen**) befinden sich alle Aluminiumionen Al^{3+} in Oktaederpositionen. Es handelt sich um ein unter hohem Druck entstandenes Mineral, das von den drei Polymorphen die höchste Dichte aufweist und lange tafelige gestreifte Prismen **(7)** mit je nach Richtung unterschiedlicher Mohs-Härte (5 bis 7) ausbildet. Manchmal sind diese Kristalle verformt **(3)**, und häufig findet man sie in faserigen **(2)** oder blättrigen Gruppen.

Staurolith besteht aus wechselweise Disthenblättchen und Eisenhydroxidblättchen $Fe(OH)_2$ vom Brucit-Typ (siehe Seite 68), die durch gemeinsame Sauerstoffionen miteinander verbunden sind. Er bildet einfache Prismen mit rautenförmiger Grundfläche und gedrungenen Spitzen. Oft sind sie miteinander zu so genannten Kreuzsteinen (siehe Bretonisches Kreuz, Seite 8) oder Andreaskreuzen **(4)** verwachsen. Sie kommen in Schiefergestein vor **(6)**.

1

x 5

2

x 1

3
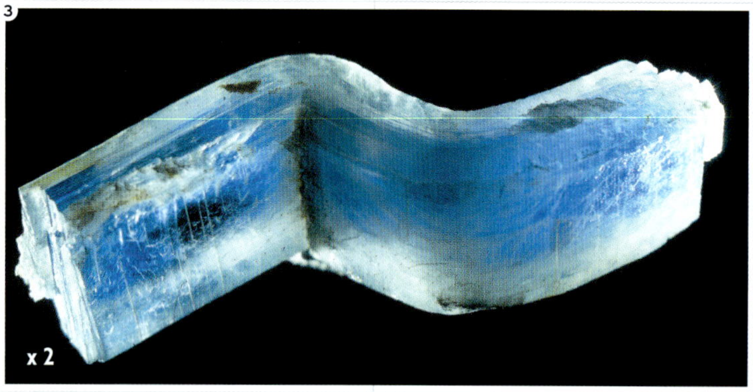
x 2

4

x 1

5

x 5

6

7

Epidot – Zoïsit – Vesuvian

Epidot und **Zoïsit** besitzen eine komplexe Bandstruktur. Der eisenhaltige **Epidot** kann dezimetergroße längliche, häufig abgeflachte und in Büscheln **(8)** stehende Prismen ausbilden. Werden die Aluminium- Al^{3+} und Eisenionen Fe^{3+} durch Manganionen Mn^{3+} ersetzt, dann wird aus dem Epidot **Piemontit (5)**, der streifige prismatische Kristalle hat.

Werden die Calciumionen im Epidot durch Cer-, Yttrium-, Lanthan-, Thorium- und Uranionen (parallel dazu Substitution von Al^{3+} oder Fe^{3+} durch Fe^{2+}) ersetzt, führt das zur Entstehung von radioaktivem **Allanit (2)**, dessen längliche Kristalle pechartig anthrazitfarben glänzen.

Zoïsit ist ein eisenarmer Epidot. Er kommt manchmal in vollkommen spaltbaren, flachen, fächerförmig angeordneten gestreiften, mitunter faserigen Prismen vor; er bildet grüne kompakte Aggregate, die als Schmucksteine begehrt sind, vor allem wenn Rubine darin eingeschlossen sind (siehe Seite 60, Abb. **2**). Schön geformte transparente blaue Zoïsitkristalle (die Farbe wird häufig durch Hitzebehandlung erreicht) nennt man **„Tansanit“ (6)**, sie werden zu Schmuck verarbeitet. Auch rosafarbene kommen vor (infolge der Anwesenheit von Mangan), die unter dem Namen **Thulit (4)** für Verzierungsarbeiten geschätzt sind.

Von ähnlicher Struktur wie Zoïsit ist der **Ardennit (7)**, ein Arsen-Vanadium-Mangan-haltiges Aluminiumsilikat. Seine vollkommen spaltbaren geriffelten Prismen sehen wie Stiele aus.

Vesuvian (oder **Idokras**) ähnelt in seiner Struktur dem Hydrogrossular (siehe Seite 142), mit dem er manchmal zu zentimetergroßen streifigen prismatischen und pyramidenförmigen Kristallen verwachsen ist **(1, 3)**; er wird gern zu Schmuck verarbeitet. Im Allgemeinen von grüner Farbe, nennt man den blauen Vesuvian **(9) „Cyprin“** und den gelben **„Xanthit“**. In körnigen grünen Massen erinnert er an Jade und wird manchmal als **„Californit“** bezeichnet.

1

2

3

4

7

5

6

8
x 5

9
x 5

1

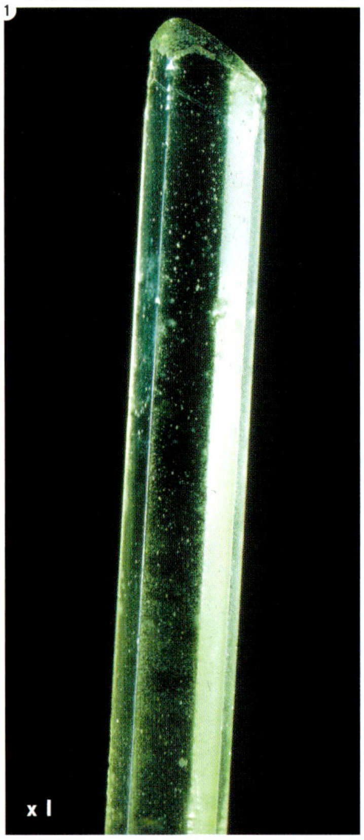

2

3

4

5

6

Beryll

Der **Beryll** bildet hübsche Kristalle in Form hexagonaler Prismen mit vertikal gestreiften Flächen und manchmal abgeschrägten Enden. Ohne fremde Elemente im Gitter sind Berylle farblos, können aber sehr unterschiedlich gefärbt sein – je nachdem, welche Metallionen (Eisen, Chrom, Vanadium usw.) in geringen Mengen das Aluminium in der Ringstruktur ersetzen (siehe Seite 218) und je nachdem, welche Ionen – Hydroxyl, Chlor, Natrium, Rubidium usw. – in den Strukturkanälen vorhanden sind (die außerdem Wassermoleküle enthalten). Je nach Farbe tragen Berylle besondere Namen:

– Grün (mit Cr^{3+} und V^{3+}) ist der **Smaragd**, die wertvollste Beryllvarietät im Juwelenhandel; zentimetergroße Kristalle kommen entweder in Glimmerschiefern vor (Smaragd auf Glimmerschiefer, **6**), in Pegmatiten oder in hydrothermalen Gängen, die bituminöse Kalksteine durchziehen (Smaragd auf Kalkgestein, **5**). Künstliche Smaragde werden seit 1848 im Labor synthetisch und seit 1938 in großem Maßstab für die Schmuckfabrikation hergestellt.

– Blau bis blaugrün (je nach Eisengehalt) sind die ebenfalls sehr geschätzten **Aquamarine,** deren mitunter dezimetergroße Kristalle in verschiedenen Pegmatiten **(3)** gefunden werden: Bei übermäßig grünen Aquamarinen **(4)** kann durch eine Hitzebehandlung diese Farbnuance zum Blauton verschoben werden.

– Intensives Blau (durch einen Kupferanteil) besitzen seltene Kristalle, die in Rhyolithen (Vulkangestein) im brasilianischen Bundesstaat Paraiba gefunden werden.

– Goldgelb (durch Eisen) ist **Heliodor (1)**; er zeigt mitunter auch Grünnuancen.

– Rosa (durch Caesium und Rubidium) ist **Morganit (2)**. Meist handelt es sich um lachsfarbene Berylle, die mit Hitze behandelt wurden, um den Gelbanteil zu entfernen.

– Rote Kristalle (durch Mangan) sind selten; im vulkanischem Rhyolith vorkommend heißen sie **Bixbit** (nicht zu verwechseln mit dem Manganoxid Bixbyit, Seite 66).

– Farblos ist der nur selten nachgefragte **Goshenit**.

Beryll kommt auch in Garben langer hexagonaler Prismen **(7)** vor sowie als meterlange Einkristalle.

7

x 3

Turmaline

Die Gruppe der **Turmaline** umfasst mehrere Mineralien, die Mischkristallreihen bilden. Sie bestehen aus langen, durchgehend längs gestreiften Prismen mit einem gleichseitigen Dreieck mit konvexen Seiten als Querschnitt. Als Kopfflächen treten an einem Ende eine Fläche und am anderen abgeflachte Pyramidenflächen auf. Ein Kristall kann in einer noch aktiven Lagerstätte brechen und dann auf natürliche Weise wieder zusammenwachsen; oder er kann nach seiner Entstehung gebrochen und dann durch einen Leim künstlich wieder zusammengefügt worden sein **(8)**. Turmaline sind oft in Quarz eingeschlossen **(1)**, manchmal in Form zahlreicher nadelförmiger Kristalle, so genannter **„Liebespfeile“ (2)**, oder auch als asbestförmige Fasern. Mineralogisch unterscheiden sich die Endglieder der Turmalingruppe durch ihre Metallionen: Die Juweliere unterscheiden häufig nach der Farbe, wobei ein bestimmter Farbton bei mehreren mineralogisch verschiedenen Arten vorhanden sein kann. Die Hauptvarietäten und -farben dieser Gruppe sind:

– der (Natrium-Lithium-haltige) **Elbait** und der (Calcium-Lithium-haltige) **Liddicoatit:** Die meisten im Juwelierhandwerk verwendeten Turmaline gehören zu dieser Reihe und werden nach ihrer Farbe als **„Rubellit“** (rosa bis rot), **„Indigolit“** (lila, **7**), **„Verdellit“** (grün), **„Achroït“** (farblos) bezeichnet. Manchmal sind diese Turmaline auf der ganzen Länge **(5, 6, 8)** und im Querschnitt polychrom; die Farbzonen der Querschnitte heißen „Wassermelone“.

– Beim Natrium- und Magnesium-haltigen **Dravit** sind sie oft braun-grün, manchmal gelb **(4)**.

– Der schwarze Eisen-Turmalin **Schörl (3)** bildet vorwiegend Nadeln **(2)**.

1

2

3

4
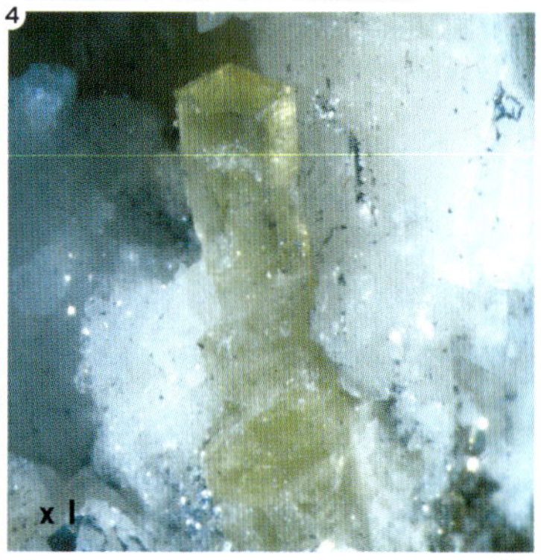

5

6

7
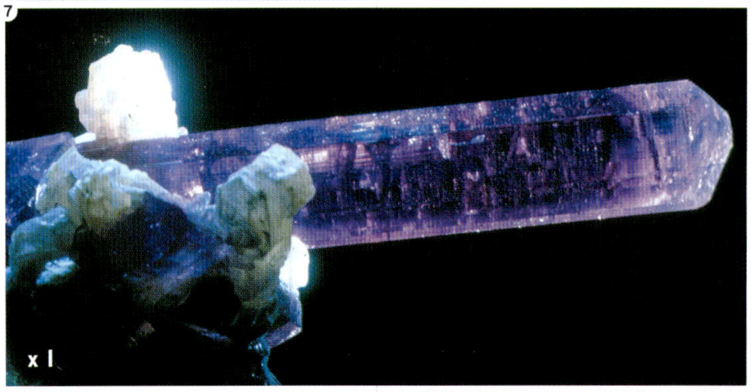

8

x 3

1

2

3

4

5

6

Cordierit und andere Ringsilikate

Cordierit (oder **Iolith, Dichroit**) ist ein wichtiges Mineral in ehemals tonigen Metamorphiten (Kontaktmetamorphose); seine Struktur ist mit der des Berylls verwandt. Je nach Blickwinkel zeigen die Kristalle – kurze pseudohexagonale Prismen **(5)** – verschiedene Farben: blau-lila, blaugrau, graugelb. Dieser charakteristische Pleochroismus, dem der Cordierit den gleichwohl unzutreffenden Namen „Wassersaphir“ verdankt, erfordert von dem Steinschleifer eine genaue Kenntnis darüber, in welcher Richtung der Stein für die Herstellung eines Schmuckstücks bearbeitet werden muss, damit er – wenn er gefasst ist – blau leuchtet.

Benitoit ist ein legendäres Ba-Ti-Silikat, das in Kalifornien entdeckt wurde, wo es wegen seiner blauen Kristalle in Form von Doppelpyramiden **(7)** zunächst für einen Saphir gehalten wurde. Je nach Richtung, in der man den Kristall betrachtet, wird er praktisch farblos.

Der Kupfergehalt färbt den **Dioptas** smaragdgrün; seine zentimetergroßen Prismen enden in einem ziemlich spitzen Rhomboeder (**3** in Marmor, **6** auf Cerussit); manchmal bildet Dioptas körnige oder nadelige Aggregate.

Axinit, dessen Farbe an gewöhnlichen Turmalin erinnert, kommt in zentimetergroßen, axtförmigen Kristallen **(1)** und Blättchen mit gestreiften Flächen vor.

Die millimeterkleinen, perfekt hexagonalen Prismen des berylliumhaltigen **Milarits (2)** beruhen auf seiner Struktur eines aus zwei symmetrischen Sechserringen bestehenden Doppelrings.

Eudialyt (oder der niobhaltige **Eucolit**), ein Mineral, dessen Natrium-, Calcium-, Eisen- und Zirkoniumionen teilweise durch Seltenerdmetalle und Niobium ersetzt sind, wird aus diesem Grund in Nephelin-Seynit-Lagerstätten stark ausgebeutet. Die manchmal zentimetergroßen gedrungenen purpurroten Kristalle **(4)** haben die Form abgeflachter Rhomboeder.

7

1

x 1

Pyroxene

Strukturell bestehen die **Pyroxene** aus $[(SiO_3)_2]^{4-}$-Ketten mit dem Querschnitt eines gleichschenkligen rechtwinkligen Dreiecks, die parallel gegenläufig angeordnet sind und durch verschiedene Metallionen, in der Hauptsache Natrium Na^+, Calcium Ca^{2+}, Magnesium Mg^{2+}, Eisen Fe^{2+} und Fe^{3+}, untereinander verbunden sind. **Pyroxene** bilden oft längliche Prismen mit achteckigem Querschnitt und den Flächen des Prismas entsprechend, weisen zwei Spaltbarkeiten in annähernd rechtem Winkel auf.

Unter den calciumhaltigen Pyroxenen tritt die Reihe **Diopsid** (Magnesium) **(5)** – **Hedenbergit** (Eisen) **(2)** eher in dichten Aggregaten mit guter Spaltbarkeit auf. Bei Anwesenheit von dreiwertigem Eisen und Aluminium wird Diopsid **(7)** zur grünen bis schwarzen Varietät **Diallag (1)**, die durch Paralleleinlagerung von Titaneisenteilchen blättrig schillern und spalten.

Der fast schwarze **Augit (8)** kristallisiert vor allem in vulkanischem Gestein in gedrungenen Prismen. Seine eisenarme grüne Varietät zeigt die gleiche Gestalt in metamorphen Klüften.

Der Natrium-Eisen-haltige **Ägirin** kann Aluminium und Titan einbauen. Kristallisiert er in langen Prismen mit zulaufenden Spitzen, so spricht man von **Akmit (4)**.

Vom Calcium-Natrium-haltigen **Omphazit (3)**, einer körnigen, lebhaft grünen Abart des **Fassaits,** findet man selten gut ausgebildete Kristalle. Seine dichten, mit Granat verwachsenen Massen werden manchmal zu Ziergegenständen verarbeitet.

In der Eisen-Magnesium-haltigen Reihe **Hypersthen** (Eisen) – **Enstatit** (Magnesium, **6**) sind schöne Kristalle selten: Am häufigsten sind sie im Gesteinsverbund dicht mit anderen Mineralien verwachsen.

2

x 1

3

x 2

4

x 2

5

x $\frac{1}{2}$

6

x 1

7

x 2

B
x 5

Jadeit - Spodumen - Rhodonit

Beim **Jadeit** handelt es sich um ein Aluminium- und Natrium-, häufig zudem chromhaltiges (daher die vielfache, aber nicht ausschließliche Grünfärbung) Pyroxen.
Seine Kristalle sind prismatisch **(3)**. Er kommt eher in mikrokristallinen Massen mit eingesprengten Kristallen vor **(Jadeitit, 1)**, das bedingt seine starke Kohäsion und macht ihn sehr begehrt für kunstvolle Schnitzereien **(1)**. Die Bezeichnung **„Jade"** bezieht sich sowohl auf die dichten Jadeitmassen als auch auf den Nephrit (siehe Seite 168). Falls die natürliche Farbe von Jade-Jadeit nicht attraktiv genug ist, wird ihr künstlich nachgeholfen, indem man das Naturprodukt z.B. mit farbigem Kunststoff imprägniert.
Spodumen ist ein Aluminium-Lithium-, manchmal chromhaltiger (dies führt zur Grünfärbung der Varietät **Hiddenit**), meist gelblicher Pyroxen **(2)**, der perfekt spaltbare prismatische Kristalle bildet, die sehr groß (mehr als 1 m) werden können. Die als **„Kunzit"** bezeichnete rosafarbene Varietät wird im Juwelierhandwerk sehr geschätzt. Wenn man Spodumen starken ionisierenden Strahlen aussetzt (Röntgen- oder Gammastrahlen), nimmt er eine instabile grüne Farbe an (sie verschwindet innerhalb weniger Tage oder Wochen), die denjenigen, der sich mit Hiddenit nicht auskennt, täuschen kann.
Strukturell mit den Pyroxenen verwandt ist der wegen seines Mangangehalts unveränderlich rosafarbene **Rhodonit,** der selten in einzelnen tafeligen Kristallen vorkommt **(4)**. Er bildet überwiegend körnige Massen **(7)**, die für dekorative Zwecke begehrt sind.
Von **Prehnit,** dessen Struktur dem Amphibol verwandt ist, gibt es nur selten einzelne tafelige Kristalle **(5)**; er kommt im Allgemeinen in rundliche Kristallstapeln vor, die an Muscheln erinnern **(6)**. Manchmal wird dieses Mineral als Zierstein verwendet.

1

x $\frac{1}{3}$

2

x 3

3

x 10

4

x 3

5

x 1

6
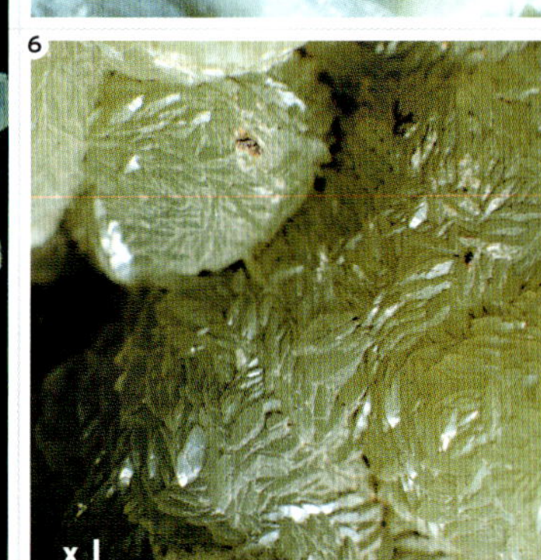
x 1

7

x 5

1

x 1

Verschiedene Inosilikate

Inosilikate (oder Kettensilikate), zu denen auch die Pyroxene zählen, bilden lange nadelige bis kurze prismatische Kristalle, die manchmal in kompakten Massen zusammenliegen.

Okenit (4) kommt in nadeligen Kristallen vor, die mitunter wie Kugeln aus zarten biegsamen Nadeln erscheinen. Er ist den Zeolithen ähnlich (siehe Seite 179, Abb. **7**). Einzelne Prismen von **Inesit** sind seltener, meist bilden die rosafarbenen nadelförmigen Kristalle dessen radialstrahlige Haufen (**1,** auf Calcit aufgewachsen).

Babingtonit (3) zeigt sich in perfekt spaltbaren, mehrere Millimeter großen, schwarz glänzenden tafeligen Kristallen.

Von **Pektolith (2)** gibt es manchmal nadelförmige Einkristalle; im Allgemeinen kommt er in dichten radialstrahligen Aggregaten nadeliger, oft rosafarbener, manchmal blauer Kristalle vor. Letztere sind unter der Bezeichnung **„Larimar"** für Zierarbeiten im Handel. Die zentimetergroßen gestreiften **Sérandit**prismen **(7)**, die manganhaltige Varietät des Pektoliths, verwachsen zu blättrigen Aggregaten.

Neptunit (6) findet man in Form zentimetergroßer schwarzer Prismen mit quasi quadratischer Grundfläche: Es handelt sich um ein Ringsilikat aus vier (SiO_4)-Tetraedern, das Benitoit (siehe Seite 161, Abb. **7**) in Natrolithgängen (siehe Seite 178, Abb. **5**) begleitet.

Astrophyllit (5) ist ein Zirkon-Titan-Silikat, das neben Eisen und Mangan Calcium und Alkalien (Natrium, Kalium) in sein Kristallgitter einbaut. Obwohl es strukturell ein Doppelkettensilikat ist, besitzt es eine blättrige Kristallstruktur. Diese ist den Glimmern analog (K^+- und Na^+-Ionen verbinden Lagen untereinander, die aus einer Eisen-Mangan-Oxidschicht aus [$(Fe, Mn)O_6$]-Oktaedern zwischen zwei Titan-Silizium-Schichten aus [SiO_4]-Tetraedern und [TiO_6]-Oktaedern bestehen), sodass – wie bei Glimmern – lange blättrige Kristalle gebildet werden, die perfekt spaltbar sind und auch in kompakten Haufen vorkommen.

2

x 2

3

x 3

4

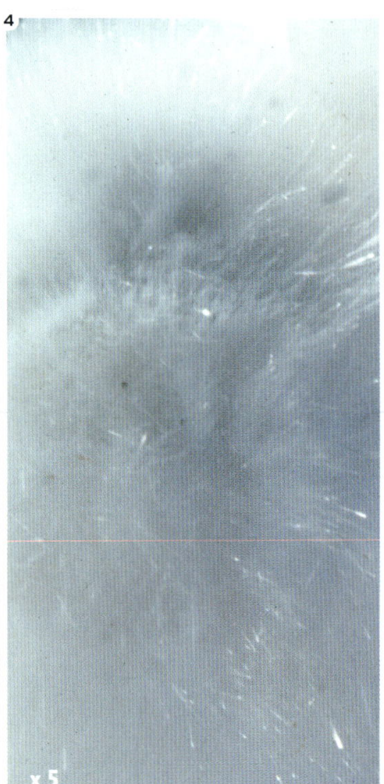

x 5

5

x $\frac{1}{2}$

6

x 3

7

x 3

Amphibole

Die durch verschiedene Metallionen (Natrium, Calcium, Magnesium, Eisen, Aluminium usw.) miteinander verbundenen hydroxylhaltigen Silikatbänder oder Doppelketten der **Amphibole** mit ihrem trapezähnlichen Querschnitt sind gegenläufig angeordnet; dadurch ergeben sich zwei Spaltbarkeiten im Winkel von 56° zueinander. Es entstehen Kristalle mit meist sehr langen, faserigen Prismen und rautenförmigem, manchmal sechseckigem Querschnitt.

Die Reihe der Calcium-Amphibole beginnt mit (Magnesium-)**Tremolit (5)** und setzt sich fort bis zum (Eisen-)**Aktinolith (4)** (Strahlstein). Einzelne Kristalle sind selten, gewöhnlich bilden diese Mineralien strahlige bis faserige Aggregate und manchmal so dicht gepackte kryptokristalline Fasern, **(3)**, dass sie dem so entstandenen Gestein, dem **Nephrit** oder **„Jade"-Nephrit (2)**, eine ungewöhnliche Kohäsion verleihen; schon in vorgeschichtlicher Zeit schnitzten Menschen daraus Skulpturen. Innerhalb der Grünpalette, die viele Nuancen umfasst, gibt es weniger attraktiv getönte Nephrite. Ihnen kann man im Säurebad gelbe Limoniteinschlüsse entziehen; anschließend werden sie künstlich gefärbt und/oder mit grünem Hornblende-Kunststoff imprägniert.

Die gewöhnlichen **grünen Hornblenden**, in deren Bändern das Silizium teilweise durch Aluminium ersetzt ist, sodass zusätzlich Fe^{3+} eingebaut werden kann, bilden weniger Einkristalle als die **braunen Hornblenden** mit ihren reinen Siliziumbändern: Die Kristalle der Prismen mit hexagonaler Grundfläche sind mal in strahligen Gesteinen eingebettet, mal zu Aggregaten vereint.

Glaukophan (7), bei dem lange einzelne Prismen selten vorkommen, trifft man eher in lavendelblauen körnigen oder faserigen Massen an. Die verkieselten Fasern von **Krokydolith**, der dem Glaukophan ähnlich, aber bläulich-grau ist, schillern. Unter der Bezeichnung **„Falkenauge"** (siehe Seite 10) ist dieses Mineral sehr gefragt; oxidierter Krokydolith wird goldbraun und wird dann unter dem Namen **„Tigerauge" (1)** gehandelt. Manchmal mischt sich roter oder schwarzgrauer metallischer Hämatit zwischen die Fasern von oxidiertem Krokydolith **(8)**; dann können **„Stieraugen"** oder **„Eisenaugen"** entstehen.

Die himmelblauen Fasern von **Planchéit** oder **Shattuckit (6)** bilden oft dichte Massen. Diese werden mitunter für die Schmuckverarbeitung trommelpoliert.

1

x 1

2

x 1/2

3

x 2

4

x 1/2

5

x 2

6

x 1

7

x 1

8
x 5

1

2

3

4

5

6

Talk – Pyrophyllit – Apophyllit

In diesen Schichtsilikaten aus netzartig verknüpften (SiO_4)-Tetraedern werden zwei mit den Tetraederspitzen gegeneinander gerichtete Schichten durch Kationen miteinander verbunden: Magnesiumionen im **Talk,** Aluminiumionen im **Pyrophyllit**. Untereinander sind diese Dreierschichten durch van-der-Waals'sche Kräfte verbunden; ihre Spaltbarkeit ist daher vollkommen und ganz leicht und ihre Härte besonders gering (**„weicher Stein"**): Sie fühlen sich fettig an. Die Kristalle sind blättrig **(Talk, 1)**, kommen aber üblicherweise als dichte Aggregate vor; **dichter Talk (8)**, umgangssprachlich **„Speckstein"** oder **„Seifenstein"** genannt, wird, nach leichter Härtung im Feuer wie **Pyrophyllit**, zum Schnitzen von Kleinkunst, z.B. Votivbildern, verwendet (man nennt ihn auch **„Pagodit"**). Neben kryptokristallinen Massen bildet Pyrophyllit auch rosettenförmige radiale blättrige Aggregate **(3, 4, 7)**.

Die fluorhaltigen Schichten des **Apophyllits** werden durch Kalium- und Calciumionen zusammengehalten. Zwischen den Schichtstapeln fördern Wassermoleküle ihr Abblättern bei Wärme. Ihre großen strukturellen Lücken ähneln den Strukturen der Zeolithe (siehe Seite 178, 180). Gute Kristallbildungen sind häufig, mal als tetragonale Prismen **(6)** mit stumpfen Winkeln, mal als spitze Pyramiden **(5)**, mal tafelig; feste oder körnige **(2)** Aggregate sind keine Seltenheit.

7

8

Glimmer

Glimmer sind Dreischichtsilikate, deren Silikatschichten durch Kalium- und andererseits Aluminiumionen oder durch Eisen- und/oder Magnesiumionen miteinander verbunden sind; daher sind die Mineralien dieser Familie leicht und vollkommen spaltbar, und man kann von ihnen dünne weiche und biegsame Blättchen erhalten. Im Allgemeinen treten diese Mineralien in schuppigen Aggregaten, in blättrigen oder körnigen Massen und selten als einzelne Kristalle auf. Dann bilden der eisenreiche **Biotit (1)**, der magnesiumreiche **Phlogopit (4)** und der aluminiumreiche **Muskovit (2)** umfangreiche pseudohexagonale Tafeln und Pyramiden, die in Spaltrichtung vertikal gestreift sind. Im 17. Jahrhundert diente Muskovit in Russland als Ersatz für Fensterglas, und bis Mitte des 20. Jahrhunderts benutzte man Biotit für Fenster von Ofenluken **(7)**.
Chromhaltiger Muskovit heißt **Fuchsit (9)**, seine sehr kleinkörnigen grünen Aggregate werden als Jadeersatz bei der Herstellung von Zierrat verwendet. **Lepidolith (5)** ist ein lithiumhaltiger Muskovit, der in Pegmatiten zusammen mit Topas und Spodumen vorkommt, ebenso wie **Zinnwaldit (3)**, ein eisenhaltiger Lithiumglimmer.
Margarit (8) ist ein aluminiumreicher Calcium-Glimmer, der in kleinen perlmuttglänzenden (daher der Name: Das griechische *margarites* bedeutet Perle) pseudohexagonalen Täfelchen auftritt; wegen seines blättrigen Bruchs gehört er zu den Sprödglimmern.
Biotit kann zu **Protovermikulit (6)** verwittern, dessen Spaltblättchen biegsam, aber nicht elastisch sind und der unter Wärme durch Abgabe von Kristallwasser aufbläht und abblättert (was auch als Absorbermaterial genutzt wird: beim Katzenstreu sowie beim Binden von Biogas bei Wiederkäuern usw.).

1

x 1

2

x 1/2

3

x 1/2

4

x 1/2

5

x 1

6

x 1

7

8

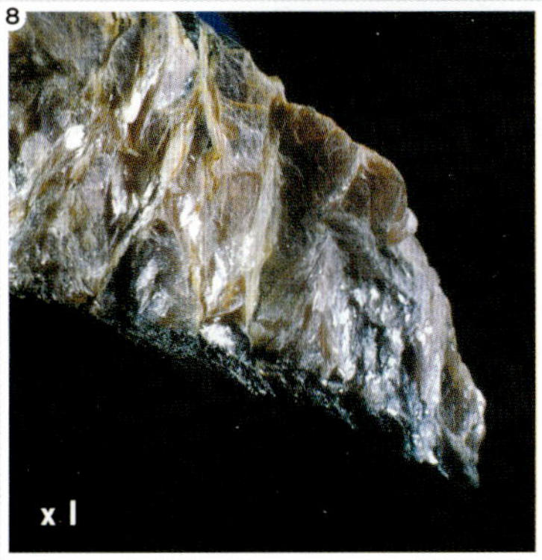

9

1

Serpentine

Serpentin und seine verwandten Minerale sind Zweischichtsilikate. Die (SiO_4)-Tetraederschichten schauen dabei mit ihren Tetraederspitzen alle in eine Richtung und sind durch gemeinsame Hydroxylgruppen mit einer Schicht Magnesium-Oktaedern verbunden. Der geringe Unterschied der Entfernungen zwischen den Zentren der gemeinsamen Sauerstoffionen und den einzelnen Schichten erzeugt Spannungen, die Serpentin oder **Antigorit (9)** blättrig spalten oder ein Einrollen der Schichten zu Hohlfasern bewirken; dadurch entsteht faseriger Serpentin oder **Chrysotil (8)**. Der Wirrwarr **(6)** seiner Fasern, die mehr als 10 cm lang sein können, verleiht ihm mitunter eine so gute Kohäsion, dass man ihn als Jadeersatz für Schmuckgegenstände verwenden kann. Serpentine findet man als schuppige, faserige und seidige Aggregate **(1)** in Grüntönen.

Garnierit (2, 5, 7) oder **Numeait** ist ein nickelhaltiger Chrysotil, ein Nickelmineral in kryptokristallinen und erdigen Massen. Wenn er in Form von Cryptokristallit zwischen Fasern von Chalcedon eingeschlossen ist, wird der Garnierit in **Chrysopras** (siehe Seite 196) umgewandelt.

Der benachbarte Chlor- und Eisen-Mangan-haltige **Pyrosmalith (3)** bildet hexagonale Tafeln oder nadelige Aggregate. Sein Begleiter, **Friedelit**, ist rosafarben und wird manchmal für Ziergegenstände verwendet.

Obwohl **Gyrolit** (oder die fluorhaltige Varietät **Zeophyllit, 4**) eine analoge Struktur hat, entsprechen seine Eigenschaften vielmehr denen der Zeolithe (siehe Seite 178, 180); er bildet ähnliche strahlige Konkretionen wie der Okenit (siehe Seite 166).

2

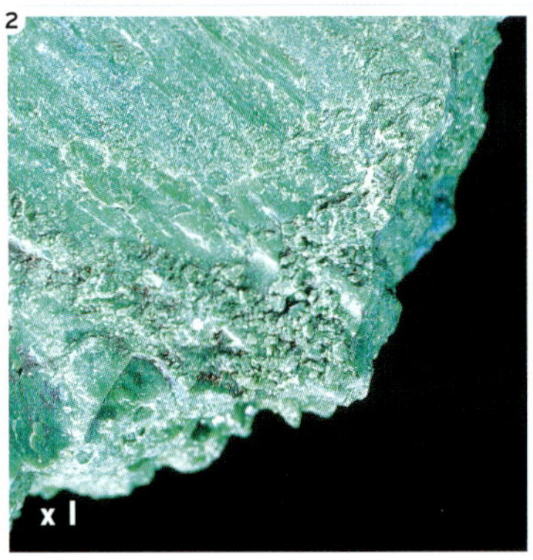

3

4

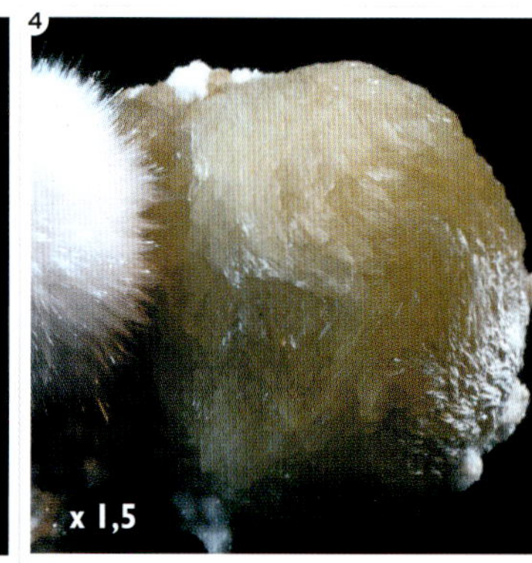

5

6

7

x 3

9

x $\frac{1}{2}$

8

x 3

Chlorite

Strukturell bestehen die **Chlorite** abwechselnd aus Magnesiumsilikatschichten vom Talk-Typ (siehe Seite 170) und Brucitschichten aus Magnesiumhydroxid (siehe Seite 68); diese elektrisch neutralen Doppelschichten werden durch schwache Wasserstoffbindungen zusammengehalten. Die Spaltbarkeit der Kristalle ist vollkommen und führt zu biegsamen, nichtelastischen Blättern. Die verschiedenen Chlorite unterscheiden sich durch die Substitution von Silizium durch Aluminium und Magnesium oder Eisen und Aluminium.
Eine fortlaufende Reihe bildet der ganz aus Magnesiumsilikat bestehende **Talk-Chlorit** (**Chlorit** im engeren Sinn, **5**) mit **Klinochlor (7)**, einem aluminiumreicheren Chlorit, wobei **Pennin** ein Zwischenglied darstellt. Diese Mineralien bilden pseudohexagonale Blättchen, längsstreifige, manchmal tonnenförmige Prismen und kommen oft in blättrigen dichten mehr oder weniger körnigen Massen vor. Klinochlor kann mit Spessartin vergesellschaftet sein **(7)**.
Rhipidolith (6) ist ein eisenhaltiger Klinochlor. Der Name hat eine griechische Wurzel (*ripis* bedeutet Fächer) und weist auf die typische Anordnung der Kristalle hin.
Durch Einlagerung von Chrom wird Klinochlor zu **Kämmererit (3)**, dessen pfirsichblütenfarbene bis karminrote Kristalle durch sechs quasi prismatische Seiten begrenzt sind.
Bei den **Leptochloriten** (vom griechischen *leptos*, klein, wegen der winzigen Kristalle) handelt es sich um Klinochlor, in dem Magnesium und Aluminium in mehr oder weniger großem Umfang durch Eisen ersetzt ist. Die lothringischen Minette-Lagerstätten bestehen im Wesentlichen aus Leptochloriten. Unter ihnen fallen der **Thuringit (2)** durch Aggregate winziger olivgrüner perlmuttglänzender Schüppchen und der **Aerinit (1)** durch seine Blautöne auf.
Wenn in der Serpentinstruktur (siehe Seite 174) das Magnesium durch Aluminium ersetzt wird, entsteht **Nakrit (4)**, der in Haufen mehrere Millimeter großer perlmuttglänzender hexagonaler Blättchen auftritt, während der verwandte **Kaolinit** (der Hauptbestandteil des Porzellans) kompakte Massen winziger Kristalle aus verwitterten Feldspäten bildet.

1

2

3

4
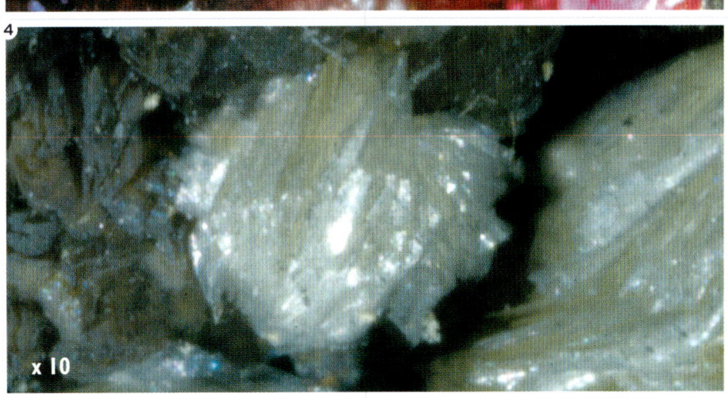

5

6

7

x 10

1

2

3

4

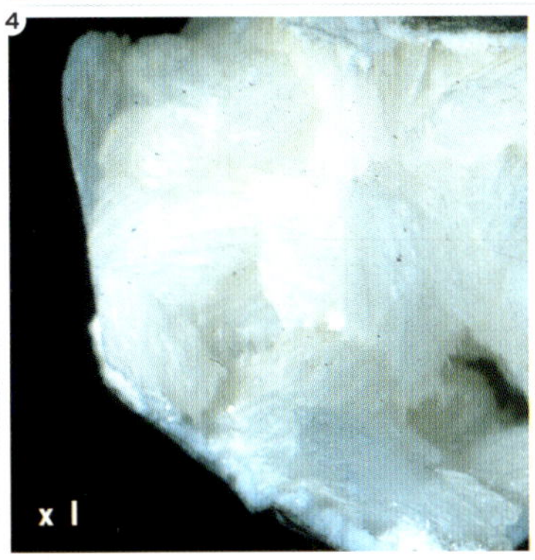

Nadelförmige Zeolithe

Zeolithe sind wasserreiche Gerüstsilikate, deren Gitter große kommunizierende Strukturhöhlen aufweisen, in denen dicke Kationen, hauptsächlich die der Alkalimetalle, und Wassermoleküle liegen, die schwach bis sehr schwach mit diesem Gerüst verbunden sind. Darauf beruhen die interessanten Eigenschaften dieser Mineralien: Da sie leicht dehydriert werden, können sie umgekehrt Moleküle absorbieren, die einen kleineren Durchmesser als ihre Strukturhöhlen aufweisen, sodass sie sich als „Molekülsieb" eignen. Wegen ihrer Neigung, Kationen auszutauschen (vor allem Natrium gegen Calcium), lassen sie sich als Weichmacher von hartem (kalkhaltigem) Wasser verwenden. Zeolithe werden nach ihrer äußeren Erscheinung klassifiziert, die von der Art des Aluminiumsilikatgerüsts bestimmt wird, das Ketten, Schichten und Gerüste bildet.

Unter den faserigen Zeolithen findet sich eine Calcium-Natrium-Reihe vom calciumhaltigen **Skolezit (3)** zum natriumhaltigen **Natrolith** oder **Mesotyp (1, 5)** – der in farblosen Prismen kristallisiert, die 15 cm lang sein können, oder in Nadeln, die oft radialstrahlige Gruppen bilden. Obwohl ihre Struktur der dieser Reihe sehr ähnlich ist, bildet der Natrium-Calcium-haltige **Mesolith (6)** strahlenförmige Gruppen nadeliger Kristalle, während der Calcium-Natrium-haltige **Thomsonit (4)** Prismen und nadelige, strahlige Konkretionen und der ebenfalls Calcium-Natrium-haltige **Gonnardit (2)** radialstrahlige wenige Millimeter große Kügelchen zeigt. **Laumontit** (**7,** hier mit einigen Okenitkügelchen) besitzt komplexere Strukturketten und bildet nadelige Aggregate oder lange prismatische Kristalle.

5

6

7

1

2

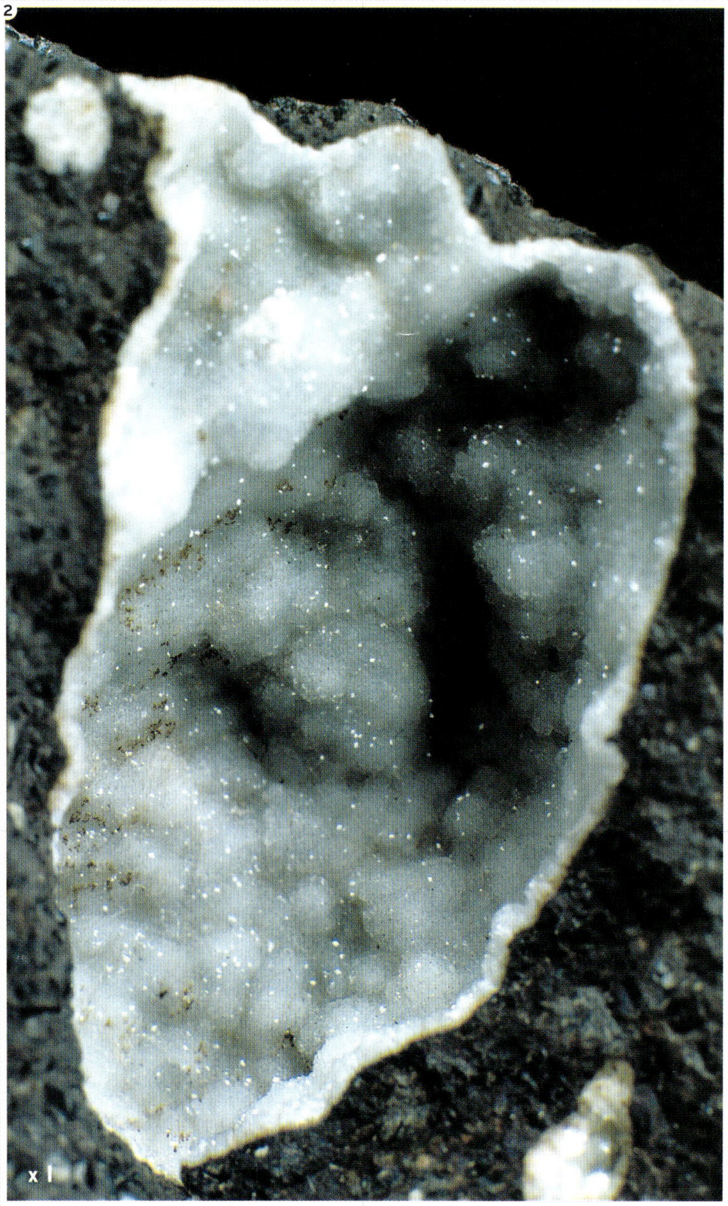

3

4

5

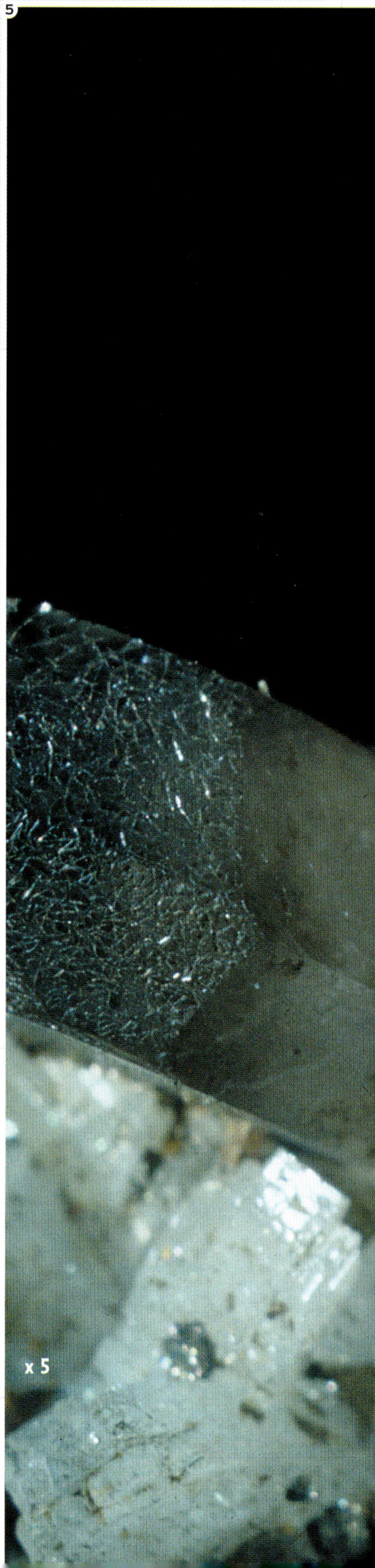

6

7

Blättrige und isometrische Zeolithe

Die wichtigsten **blättrigen Zeolithe** bestehen aus Schichten von netzartig verknüpften (SiO_4)-Tetraedern. **Heulandit** bildet zentimetergroße tafelige Kristalle **(4)**, die in blättrigen Massen angeordnet sind **(6)**. **Stilbit** kommt selten in Form einzelner Kristalle vor (**8,** hier dient er als Unterlage für Apophyllit); klassischer Anblick sind die Garben abgeflachter Kristalle; aber auch strahlenförmige traubige Kristallaggregate kommen vor **(9)**.

Die Mineralien der Phillipsit-Harmotom-Gismondin-Gruppe besitzen ein dreidimensionales Gerüst aus (SiO_4)-Tetraedern wie der Feldspat (siehe Seite 188, 190), das bei diesen Zeolithen aus Ringen von vier und acht Tetraedern gebildet wird. **Gismondin (1)** bildet millimetergroße Quasi-Oktaeder und Aggregate. Die millimetergroßen **Phillipsit**kristalle **(2)** sind meist zu Zwillingen verwachsen und bilden Kreuze und strahlige Aggregate. **Harmotom (3)** sieht praktisch genauso aus, ist aber zentimetergroß.

Die Gerüststruktur des **Chabasits** besteht aus „Käfigen", großen Hohlräumen im Kristallgitter, die von Milarit-Doppelringen (siehe Seite 160) gebildet werden. Diese sind unzusammenhängend wabenförmig angeordnet und hexagonal übereinander gestapelt: Jeder Käfig nimmt die Gestalt einer Säule an, die von zwei hexagonalen Grundflächen begrenzt wird und deren Wände drei große oktogonale Öffnungen enthalten; durch sie können Gebilde mit einem Durchmesser von 3,9 Ångström (10 Ångström = 1 Nanometer) passieren, sodass vor allem Methan durch Molekülfiltration von Benzol getrennt werden kann. Die pseudokubischen Kristalle von **Chabasit (7, 5)** sind oft miteinander verwachsen, wobei entlang einer durch den Würfel gedachten Diagonale der eine Kristall zum anderen um ein Sechstel gedreht ist.

8

9

Leucit – Danburit

Die Leucit-Gruppe gehört zu den Feldspatvertretern. Ihre Struktur besitzt ein weitmaschiges Netz aus Silizium-Aluminium-Oxid, dessen Gitter aus (SiO_4)- oder (AlO_4)-Tetraedern in Vierer- oder Sechserringen angeordnet sind, die wiederum miteinander verknüpft sind. Es entsteht ein weitmaschiges kubisches Gitter mit offenen Kanälen (ähnlich den Strukturkanälen von Beryll und Turmalin). Die Öffnung der Kanäle ist aber mit 1,40 Ångström viel kleiner als die der Zeolithe. **Leucit**, der zu jedem Gerüstsilikat-Bauteilchen ein Kaliumion K^+ enthält, tritt stets in Form von Deltoidikositetraedern auf **(3)**, die fünf Zentimeter Durchmesser haben können und so charakteristisch sind, dass man von „Leucitoedern" spricht. **Analcim** bildet Würfel **(1, 6)**, manchmal aber auch Leucitoeder, die einen Durchmesser von 25 cm erreichen können. Seine Bauteilchen enthalten ein Natriumion Na^+, das – weil es kleiner ist als das Kaliumion – Platz lässt für ein Molekül Wasser. Das Gleiche gilt für **Pollucit**, ein Analcim, in dem ein Teil des Natriums durch Caesium Ce^+ ersetzt ist. Das Caesium-Mineral Pollucit bildet nur wenige zentimetergroße, meist stark korrodierte Kristalle **(7)** und dichte, quarzähnlich aussehende Aggregate.

Danburit (2, 4, 5) besitzt eine den Feldspäten analoge Struktur und bildet ähnliche Kristalle wie der Topas (aber ohne basale Spaltbarkeit), die 30 cm groß werden können. Gewöhnlich ist Danburit farblos; eine gelbe Varietät wird zu Schmuck verarbeitet.

1

x 10

2

x 2

3

x 2

4

x 5

5

x 5

6
x 5

7
x 3

1

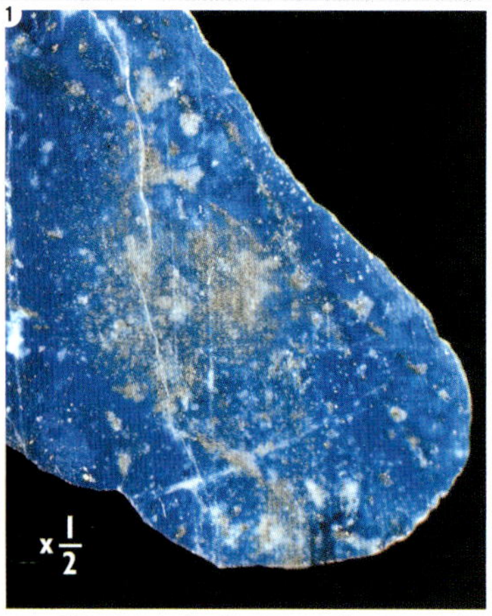

Lasurit und andere blaue Steine

Zur Familie der **Lasurite** zählen mehr oder weniger intensiv blaue, sehr selten farblose Vertreter mit einem Silizium-Aluminium-Gerüst aus Kuboktaedern (Würfel mit Oktaederflächen an den Ecken), deren zusätzliche Elemente das Mineral charakterisiert: Die Reihe umfasst den Natrium und Chlor enthaltenden **Sodalith (4)**, den Natrium-Sulfat-haltigen **Nosean**, den Natrium-Calcium-Sulfat-Schwefel-haltigen **Hauyn (5)** und den Calcium-Natrium-Schwefel-haltigen **Lasurit (2)**.

Die 24 Eckpunkte der kuboktaedrischen Bauteilchen sind von den Metallionen der (SiO_4)- oder (AlO_4)-Tetraeder besetzt und die Mitte der 48 Kanten durch ihre gemeinsamen Sauerstoffionen. Wie beim Leucit ist die Öffnung der Kanäle zwischen den Bauteilchen – 1,40 Ångström – unzureichend, um den Lasuriten die Eigenschaften von Zeolithen zu verleihen.

Schön geformte einzelne Kristalle sind selten. **Sodalith** findet man zuweilen als farblose Prismen **(7)** und gewöhnlich in blaugrauvioletten Massen, die von hellen Adern durchzogen sind **(4, 6)**: **Hauyn** kommt eher in millimeterkleinen abgerollten Körnern in Basalt vor **(5)**. Lasurit, der sehr selten zentimetergroße dodekaedrische Kristalle bildet **(2)**, kommt eher in calcit- und pyritdurchzogenen Aggregaten vor, dem so genannten **„Lapislazuli“ (1, 3)**, der als Schmuckstein sehr gefragt ist.

Es gibt verschiedene Imitationen von Lapislazuli, vor allem blaues Glas mit Aventurin-Einschlüssen, um den Pyrit im Lapislazuli nachzuahmen, blauen Jaspis oder „Berliner Blau“, der manchmal betrügerisch als „deutscher Lapis“ oder „Schweizer Lapis“ angeboten wird, außerdem gefärbten Marmor und synthetischen Lapislazuli.

2

3

4

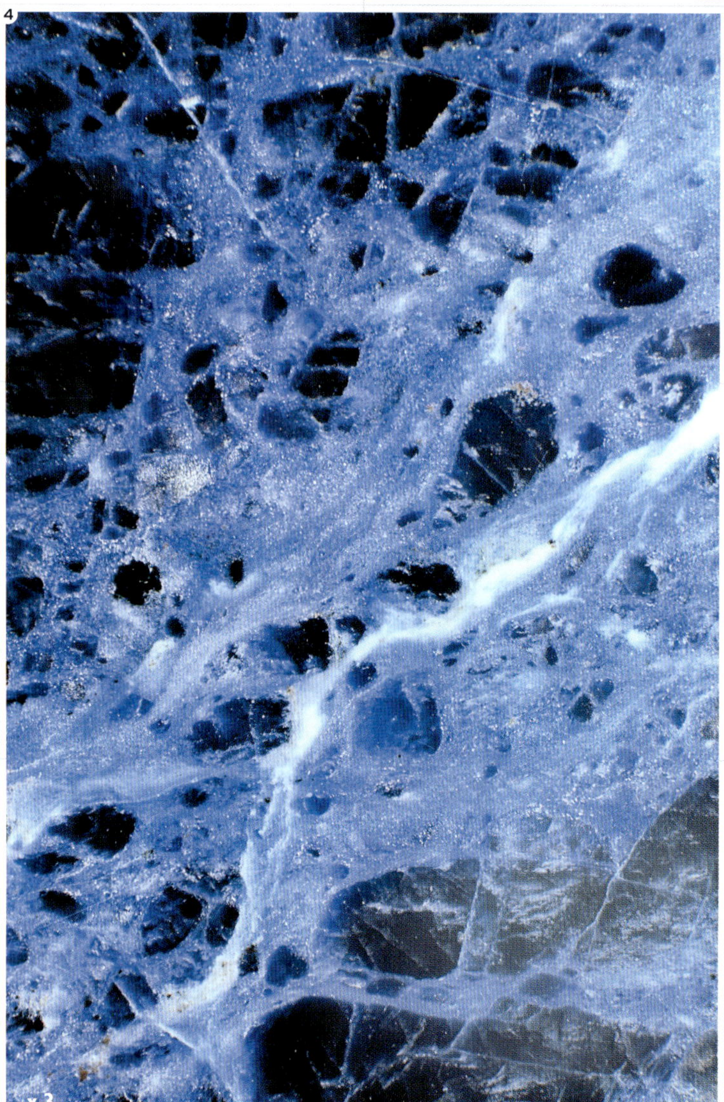

5

6

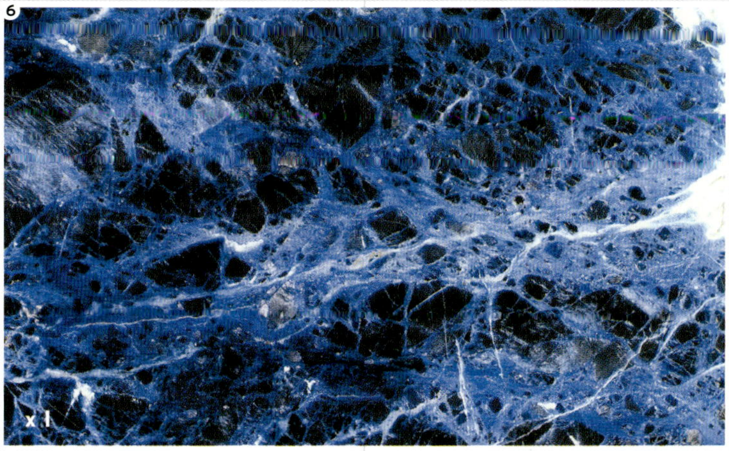

x 1

7

x 5

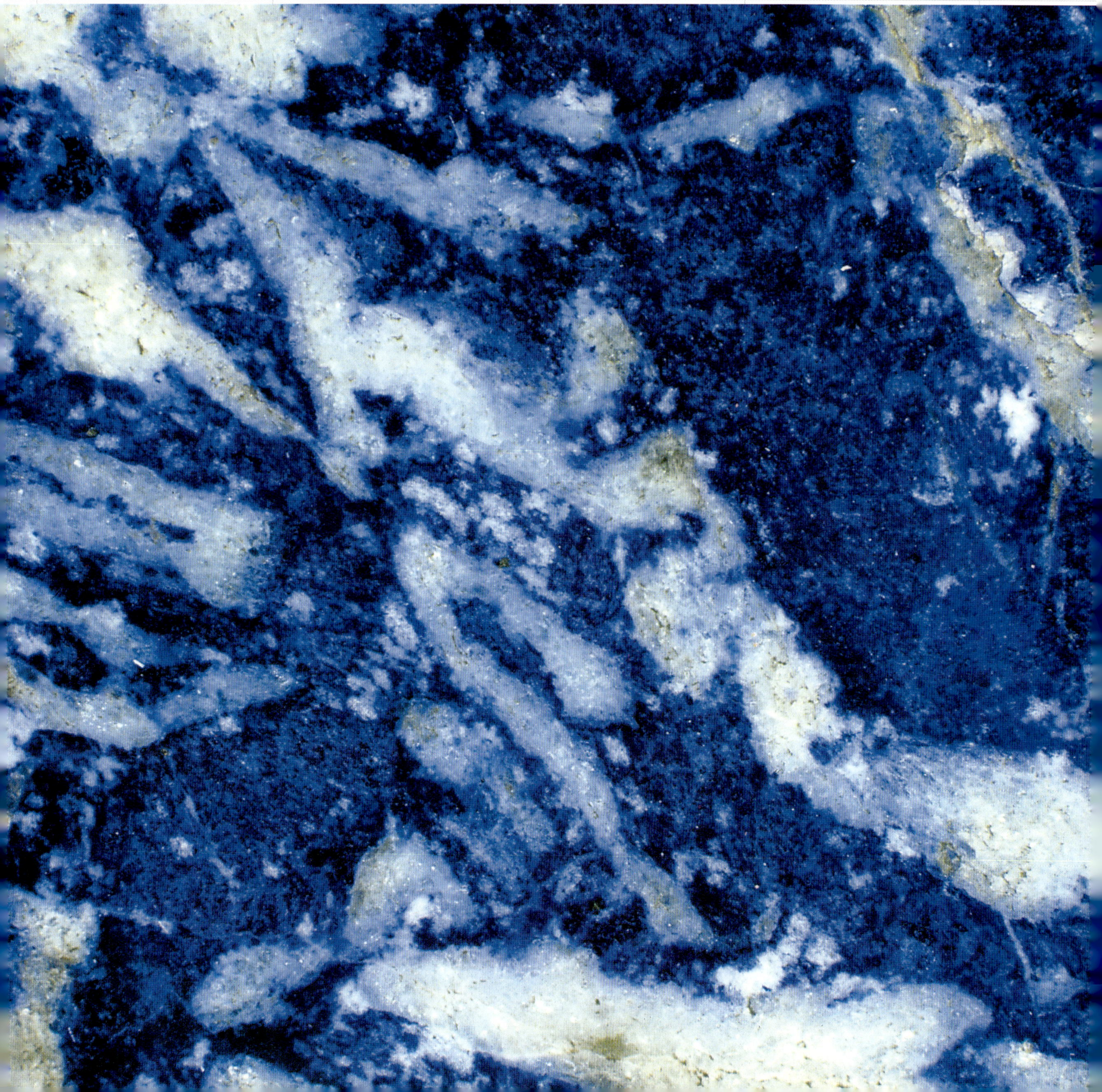

1

x 2

2

x 2

3

x 1

4

x 1

5

x 1

6

x 1

Skapolithe

Die **Skapolithe** (vom griechischen *skapos*, Stab, wegen der Prismen, die 70 cm lang sein können) oder **Wernerite** bilden eine fortlaufende Mischkristallreihe vom Natrium und Chlor enthaltenden **Marialith** zum Calciumcarbonat-haltigen **Mejonit (7)**. Ihre Struktur besteht aus einem Gerüst, das aus Ringen mit vier (SiO_4)- und (AlO_4)-Tetraedern aufgebaut ist. Diese Ringe sind treppenförmig durch gemeinsame Sauerstoffionen in den vier möglichen Richtungen verbunden, wodurch zwei rechtwinklige Ebenen entstehen, die den Richtungen der prismatischen Spaltbarkeit parallel zu den Seitenflächen der Kristalle entsprechen (Prisma mit quadratischer Grundfläche) und manchmal irisieren. Die Neigung der Gegenstufen der Treppen entspricht den Richtungen der Spaltbarkeit der Doppelpyramide und den Flächen der endständigen Pyramiden der Kristalle **(3)**. Dadurch ergibt sich ein splittriges Aussehen der festen Aggregate **(1, 6)**. Die großen Hohlräume im Gerüst sind außer von Na^+-, Ca^{2+}-, Cl^--Ionen und $(CO_3)^{2-}$-Gruppen auch von einigen Mg^{2+}-, K^+-, F^--Ionen sowie Hydroxyl- $(OH)^-$ und Sulfatgruppen $(SO_4)^{2-}$ besetzt. Diese oft gelben **(3)**, rosafarbenen **(1, 5)**, braunen **(2, 4)** und (seltener) violetten Mineralien sind im Juwelierhandwerk sehr begehrt, vor allem wenn sie irisieren.

7

x 1,5

x 2

x 3

x 1

Alkalifeldspäte – Sanidin – Orthoklas

Feldspäte, die der häufigste Bestandteil der Kontinentalplatten sind, bilden eine doppelte Mischkristallreihe: die Kalium-Natrium-haltigen **Alkalifeldspäte** vom kaliumhaltigen (Gemeinen) **Orthoklas** zum natriumhaltigen **Albit**, und die Calcium-Natrium-haltigen **Plagioklase** vom calciumhaltigen **Anorthit** zum **Albit**. Strukturell bestehen die Feldspäte aus einem Silizium-Aluminium-Gerüst, das dem der Skapolithe ähnelt (siehe Seite 186), in dessen Lücken Natrium, Calcium und Kalium sitzen. Die Spaltbarkeiten sind quasi orthogonal, die Kristalle aus flachen Prismen oder dicken Tafeln **(3)** häufig zu Zwillingen verwachsen **(5)**.
Orthoklas (2, 6) ist in Wirklichkeit ein metastabiler Kalifeldspat, angesiedelt zwischen dem bei hohen Temperaturen stabilen **Sanidin (1, 5)**, dessen Verteilung der Silizium- und Aluminiumionen im Gerüst nicht festgelegt ist, und der Niedrigtemperatur-Modifikation **Mikroklin** (siehe Seite 190, Abb. **3** und **5**), bei dem Aluminium und Silizium geordnet im Gerüst verteilt sind.
Wenn ein Teil des Kaliums im Orthoklas durch Barium ersetzt wird, entsteht **Hyalophan** (**4,** hier mit Dolomit vergesellschaftet). Wenn ein Hyalophan Einkristalle entwickelt, sieht er aus wie Orthoklas, d.h., er hat die gleiche Tracht.
Die Kristallformen der Feldspäte sieht man nur selten. Wenn überhaupt, dann findet man sie in Hohlräumen von Pegmatitgängen.

5

x 1

6

x 1

Mikroklin – Plagioklas

Mikroklin, ein Kalifeldspat, der bei niedriger Temperatur entstanden ist, bildet gedrungene, manchmal riesige prismatische Kristalle **(3)**. Die grüne Varietät, der so genannte **„Amazonit“ (5)**, der oft ein rechtwinkliges Liniennetz zeigt, das durch eine Entmischung der festen Natrium-Kalium-Komponenten (helle Albit-Äderchen auf dem grünen Grund des Mikroklins) zustande kommt, wird seit dem altägyptischen Reich zu Ziergegenständen verarbeitet.
Der hydrothermal gebildete Orthoklas **„Adular“ (2)**, der oft von Chlorit überzogen ist **(1)**, weist meistens feinste parallele Albit-Entmischungen auf, die im Licht einen zarten Perlmuttschimmer zeigen (Interferenz); das macht ihn im Juwelierhandwerk unter dem Namen **„Mondstein“** begehrt. Die Dicke dieser Entmischungen ist entscheidend für die farbigen Interferenzen **(Spektrolith, 6)**.
Plagioklase werden mit zunehmendem Calciumgehalt in **Albit (4), Oligoklas, Andesin, Labradorit, Bytownit und Anorthit** eingeteilt. Dabei können bei niedrigen Kaliumgehalten Entmischungen von Orthoklas auftreten, auf dessen Lamellen die Lichtinterferenzen ähnlich irisieren können wie beim Edelopal. Beim Labradorit ist dieses Phänomen häufig, doch kann es bei allen Feldspäten auftreten; diese Feldspäte bezeichnet man als **„Spektrolithe“ (6)**.

1

x 1

2

x 1

3

x 1

4

x 1

5

x 5

6

x 5

1

Quarz

Strukturell besteht **Quarz** aus reinen (SiO_4)-Tetraedern, die über jede Ecke durch gemeinsame Sauerstoffionen verbunden sind. Das Aneinanderlagern der Tetraeder erfolgt in schraubenförmigen Ketten; daraus ergibt sich, je nach Drehrichtung der Spirale, ein „rechtsdrehender" oder ein „linksdrehender" Quarz mit jeweils spiegelsymmetrischen Eigenschaften, die sich manchmal anhand kleiner Facetten am Übergang Prisma-Pyramide des Doppelpyramidenprismas mit bloßem Auge erkennen lassen.
Abgesehen vom hexagonalen Prisma mit senkrecht gestreiften Flächen (**1**, hier mit Realgar gesprenkelt), kann die äußere Form (Habitus) den Beobachter täuschen: Abflachung nach einer Fläche des Prismas, Dominanz einer oder mehrerer Flächen (Verzerrung), abwechselnd prismatisches und pyramidales Wachstum **(Zepterquarz, 8)**.
Durch einen Wechsel zwischen Phasen des Wachstums und Einflüssen von außen können Flächen unvollständig ausgebildet werden, und dann entsteht so genannter **„Fensterquarz" (3)**. Während der Wachstumsstillstände können sich verschiedene Tropfen der Thermalflüssigkeit auf bereits bestehenden Quarzflächen anlagern. Bei erneutem Wachstum eingeschlossen, lassen sie die Gestalt der einzelnen Wachstumsphasen erkennen und werden zu einem **„Phantomquarz" (6)**.
Natürliches Licht kann den Quarz braun färben, dann entsteht so genannter **„Rauchquarz" (5)**. Wenn der Quarz während seiner Entstehung Hydroxylgruppen oder Eisenionen aufnimmt, können diese schließlich als kleine Einschlüsse von Wasser oder Hämatit zu erkennen sein. Es entstehen die Varietäten **Milchquarz** (früher glaubte man, er sei gut für stillende Mütter) oder **Blutquarz (2, 7)** – dem in der Esoterik Einfluss auf das Blut zugeschrieben wird –, der aber nicht mit solchem Quarz verwechselt werden darf, dessen Oberfläche von rotem Ocker überzogen ist **(4)**.
Bergkristall wird manchmal künstlich bestrahlt, damit er die Farbe von Rauchquarz annimmt. Durch Hitzebehandlung erhält Amethyst die Farbe von Citrin.

2

3

4

7

5

6

8
x 10

1

Quarz als Schmuckstein

Nur durch eine kleine Zahl von Mineralien vertreten, nicht spaltbar und einzig durch Flusssäure angreifbar, ist Quarz recht widerstandsfähig, sodass man ihn als „edel" betrachtet und als Schmuckstein verwendet, zumal er oft in schönen Farben vorkommt. Klarer Quarz, der Bergkristall, wird gern zu kleinen Ziergegenständen, Kronleuchterbehang usw. verarbeitet. Der malwenfarbige **Amethyst (1)** galt früher als Amulett gegen die schlimmen Folgen eines Alkoholrausches. Die Farbe verdankt sich dem Gehalt an Eisenionen Fe^{2+} und Fe^{4+} im Quarzgitter. Fe4^{+} ist nur im Quarzkristallfeld bei niedriger Temperatur stabil: Bei 250 °C entfärbt sich der Amethyst, und bei etwa 500 °C wird er meist gelb, weil die Eisenionen irreversibel in die dreiwertige Form übergehen. Diese Besonderheit haben deutsche Händler 1883 in Brasilien entdeckt. **Citrin (5)** ist zitronenfarbig bis goldbraun **(4, 3)**. Sind Rutilfasern in klarem Quarz eingesprengt, spricht man von **„Venushaaren"** (siehe Seite 56, Abb. **2**). Manchmal wirken die Nadeln wie Sonnenstrahlen **(7)**. Wenn der Quarz parallele Amphibol-Fasern umschließt, spricht man von Irisieren **(6)** und nennt die Steine „Falkenauge" (siehe Seite 10) oder „Stierauge" (siehe Seite 168). Quarz wächst häufig in Hohlräumen; die Mineraliensucher in den Alpen sprechen von mannshohen „Kristallhöhlen", kleinere nennt man **„Geoden" (8)**.
Manchmal werden Quarze künstlich gebrochen und die Bruchflächen rot oder grün eingefärbt, um Rubine oder Smaragde nachzuahmen. Derartige Fälschungen beherrschten schon die Chaldäer (um 7. Jh. v.d.Z.). Heutzutage werden synthetische Amethyste und Citrine gehandelt.
Die Durchdringung zweier Kristalle nennt man bei der Kombination eines linksdrehenden mit einem rechtsdrehenden Quarz, unter Beibehaltung der Achsen ihrer Prismen, **Brasilianer;** oder zwei einzelne Kristalle können mit gekreuzten Achsen zusammenwachsen **(Japaner-Zwilling, 2)**.

2

3

4

5

6

x 2

7

x 5

8

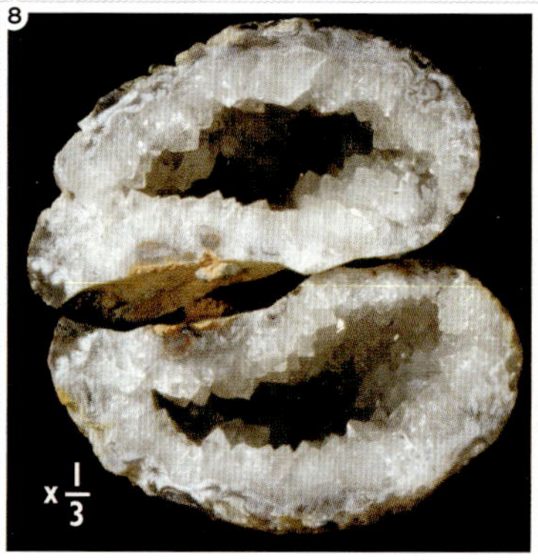

x $\frac{1}{3}$

1

x 1

Chalcedone

Die **Chalcedone** sind mikrokristalline faserige einfarbige Quarze, die parallel in traubigen Krusten angeordnet sind **(1)**. Im Querschnitt sehen die einzelnen Wachstumszonen gebändert aus **(5)**. An abgerollten Stücken in Flusssand werden die figurenbildenden verschiedenen Wachstumsschichten mitunter esoterisch gedeutet und sind dann sehr geschätzt **(2)**. Die Farbe ist abhängig von der Anwesenheit von Kryptokristallen (Hämatit, Serpentin usw.) zwischen den Mikrokristallen des Quarzes.

Nach der Farbe unterscheidet man:

- den **Chalcedon im engeren Sinn**, er ist grau (dieser wurde bereits um 1000 Jahre v.d.Z. benutzt und durch Färben im Aussehen dem natürlich getöntem Chalcedon angeglichen). Gemeine Chalcedone werden häufig durch Imprägnieren mit Eisenoxid, Chromsalzen, Eisencyanid u.a. gefärbt, um Karneol, Chrysopras, blauen Chalcedon oder Onyx vorzutäuschen;
- den roten **Karneol (2)**;
- den braunen **Sarder (3)**;
- den schwarzen **Onyx** (als „Onyx" bezeichnet man auch einen zweischichtigen schwarzweißen Achat);
- den grünen **Chrysopras**.

Chalcedone kommen manchmal in den Hohlräumen siliziumreichera Ergussgesteine vor, wie hier der Sarder im Jaspis **(3)**. Die ersten Anlagerungen bestehen häufig aus nicht kristallisiertem Silizium, das Opalschichten bildet, wie bei dem **gebänderten Opal (4)**, der sich auf Grund der äußeren Bedingungen nicht entwickeln konnte.

4

x 1

2

x $\frac{1}{2}$

3

x 1

5

x 10

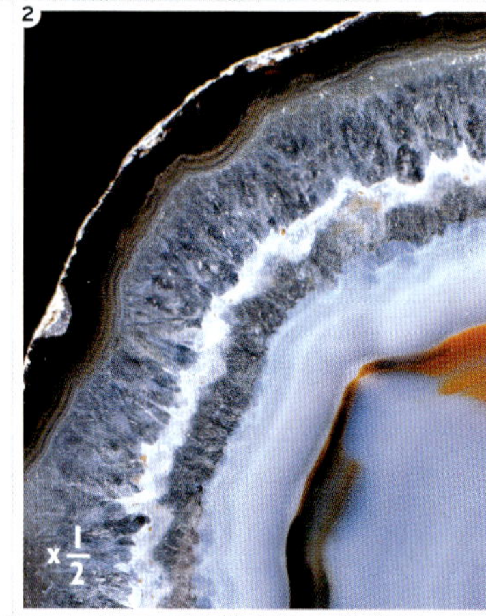

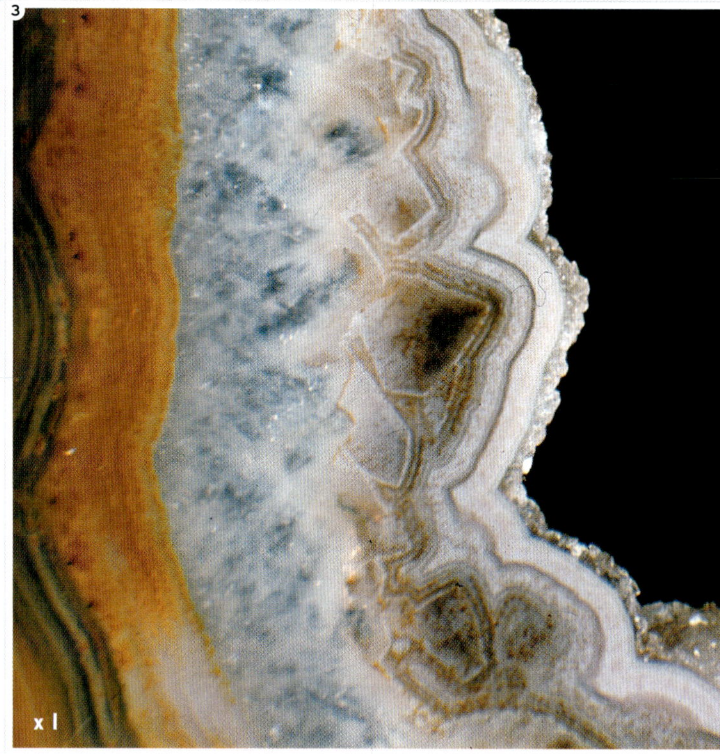

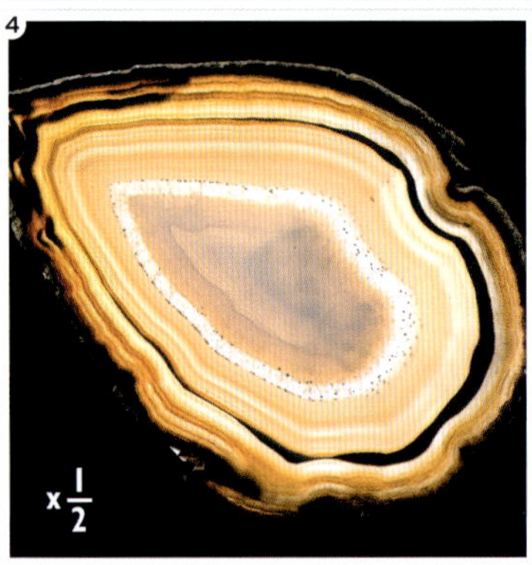

Achate

Bei den **Achaten** handelt es sich um verschiedenfarbige Chalcedonschichten, die in Krusten übereinander liegend das Innere von Geoden überziehen, die vor allem aus in Basalt eingeschlossenen blasigen Hohlräume entstanden sind und die manchmal vollständig ausgefüllt werden **(2, 4, 6)**. Die verschiedenen Farben sind durch Kryptokristalle von Hämatit, Glimmer, Serpentin usw. verursacht, die zwischen die Quarzmikrokristalle eingebettet sind. Die Füllung in einer Basaltblase mit Siliziumoxid resultiert aus einer Auslaugung der Lava durch wässrige Lösungen. Die ersten Ablagerungen bestehen meist aus gewöhnlichem Opal, die folgenden kristallisieren als Chalcedonfasern, bis die Geode schließlich von außen abgeschnitten wird, was zu einer letzten Kristallisation von Makrokristallen führt. Die Abbildungen dieser Doppelseite zeigen jeweils Schnitte durch Geoden. Der in die Geode führende Kanal ist als schmale Spur erkennbar, die nach außen zu zeigen scheint **(1, 5)**. Die Füllung der Höhle muss nicht kontinuierlich erfolgt sein, sondern kann in mehreren Zyklen nacheinander stattgefunden haben, sodass manchmal zwischen verschiedenen Chalcedonschichten eine stärker ausgebildete Kristallschicht liegt **(2, 4)**. Eine Ausbuchtung im Inneren der Geode kann eine Art kugeligen Einschluss bedingen, wie er in **(5)** unter dem Zugangskanal zu erkennen ist. Mit Cabochon-Schliff ist solch ein „Achatauge" (auch „Niccolo" genannt) ein oftmals begehrtes Amulett, das gegen den „bösen Blick" schützt. In Südamerika (Brasilien, Uruguay) entstehen nach einer Phase der Ruhe, die der Krustenbildung in der Höhle folgt, parallele Schichten von Ablagerungen **(3)**.
Wie die Chalcedone werden auch Achate zu Verkaufszwecken bisweilen mit verschiedenen, manchmal sehr aggressiven Färbungen imprägniert (blaue Achate).

❻

x 2

Jaspis - Lussatit

Jaspis ist ein Silikatgestein, das ungeordnet mit Chalcedon und Quarz vermischt ist **(5)**. Häufig sieht er gestreift aus **(1)**; oder die sukzessiven Quarzschichten erzeugen manchmal ein gebändertes Muster **(2, 4, 8)**. Die Benennungen sind mitunter etwas unscharf: Achatjaspis, gebänderter Quarz, dessen Aussehen an gebänderte Fluorite (siehe Seite 32) oder auch an gestreiften **Amethystquarz** erinnert **(7, 2)**, aus denen einst Trinkgefäße hergestellt wurden.

Lussatit (3, 6) bildet faserige **Krusten** mit traubiger Oberfläche wie Chacedon, nur besteht er aus Tief-Cristobalit. Dies ist, wie Quarz, ein Siliziumoxid, aber mit einer kubischen Struktur. Die (SiO_4)-Tetraeder sind quadratisch untereinander angeordnet, und zwar so, dass alle (SiO_4)-Bauteilchen gleich ausgerichtet sind. Cristobalit entsteht hauptsächlich beim Entglasen von künstlichen Gläsern (wobei durch Hitze das Glas kristallisiert und undurchsichtig wird); die Firma Fabergé in St. Petersburg führte diesen ursprünglichen „Fehler" bei roten Kristallgläsern absichtlich herbei, um Ziergegenstände zu veredeln, die unter dem irreführenden Namen „Purpurin" gehandelt wurden.

1

2

3

4

5
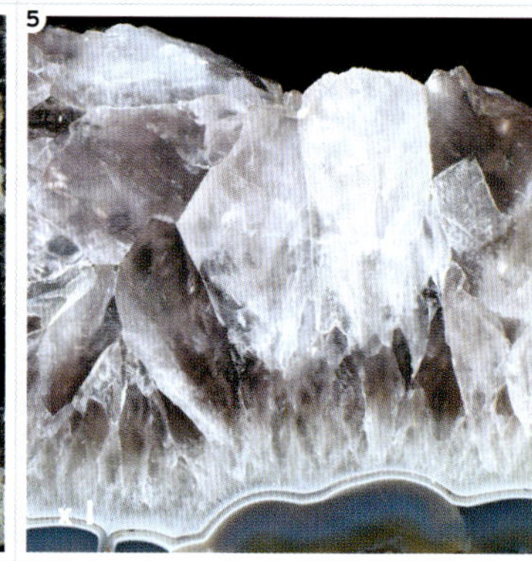

6

7
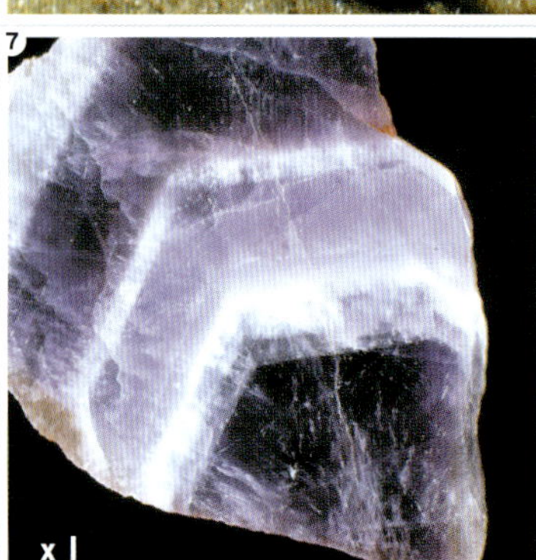

8

x 2

1

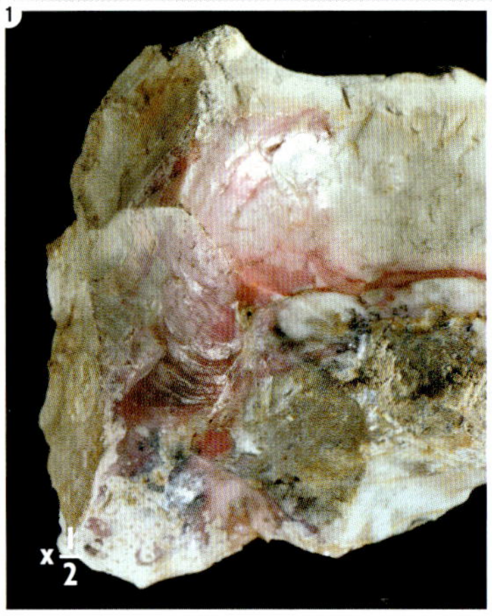

2

3

4

5

Opal

Opal besteht aus dicht gepackten radialstrahligen hydrierten Siliziumoxidkügelchen. Sind diese Kügelchen identisch und entspricht ihr Durchmesser der Wellenlänge des sichtbaren Lichts, dann interferiert dieses mit dem so gebildeten Beugungsgitter, was bei **Edelopalen** lebhaftes Irisieren, das „Feuer", hervorruft **(4, 6)**. Im **Gemeinen Opal**, der aus unterschiedlich großen kolloidalen Kügelchen besteht, treten keine Intereferenzen auf oder nur solche im unsichtbaren Bereich des Lichtspektrums (ultraviolett, infrarot), und so hat er makroskopisch das Aussehen einer graubraunen kolloformen, meist wächsern glänzenden Kruste **(5)**.

Der Opal entsteht hydrothermal oder durch Verwitterung zersetzter Silikate, die in Gängen der australischen Wüsten oder in dort liegendem organischen Material, z.B. einem durch Opalisieren versteinerten Gastropoden („Bauchfüßler", Schalenweichtiere wie Schnecken usw.), vorkommen **(2)**.

Im Handel werden derzeit Opal-Achat-Dubletten, synthetische Opale und durch „Karamellisieren" geschwärzte Opale angeboten.

Der **„Quincyt" (1)** ist ein rosafarbener Gemeiner Opal, der den massiven Magnetit in den Kieselkalksteinen bei Quincy (im französischen Département Cher) durchtränkt.

Chrysokoll

Der **Chrysokoll (3)** ist ein hydroxylhaltiges Kupfersilikat; er bildet traubige Krusten in Verbindung mit Kupferlagerstätten. Wegen seiner kolloformen Massen kann man ihn gelegentlich für einen „kupferhaltigen Opal" halten.

6

1

2

3

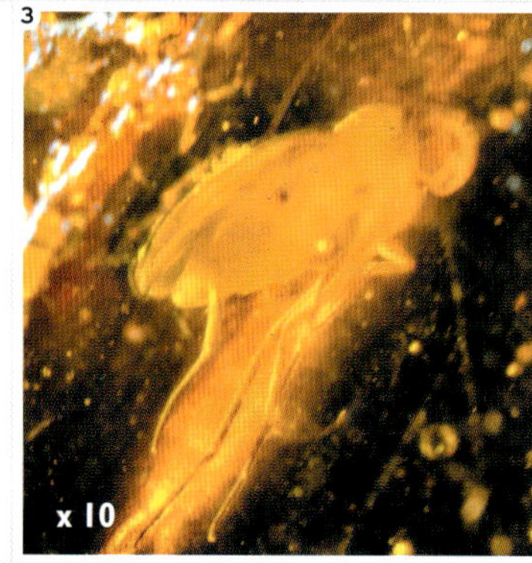

4

5

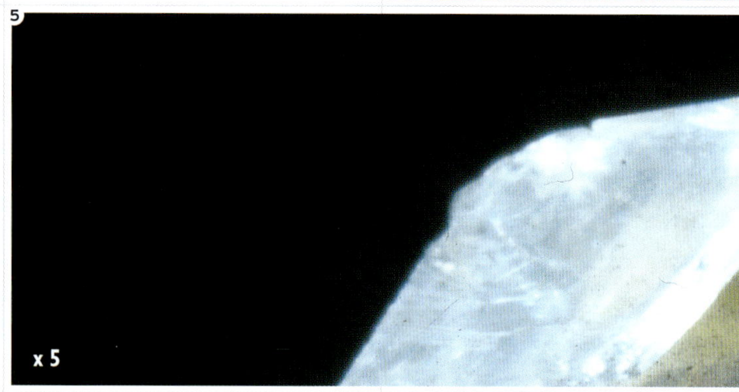

Organische Mineralien

Mineralien, in denen Kohlenstoff in einer organischen Verbindung vorkommt, gelten als organisch, auch wenn sie nicht notwendigerweise von einem lebenden Organismus erzeugt wurden. Zu diesen zählt der **Whewellit (5)**, ein wasserhaltiges Calciumoxalat, das in metallführenden Gängen vorkommt – und zwar stets in etwa herzförmigen Zwillingskristallen, deren Aussehen stark an Calcit erinnert. Der oft dichte **Mellit** (oder Honigstein, **7**), ein hydriertes Aluminiumsalz der Mellitsäure, bildet gedrungene Pyramiden mit viereckiger Grundfläche.

Bernstein ist ein fossiles Harz, das aus Koniferen (Nadelhölzern) entstanden ist. Die Polymerisation seiner Kohlenwasserstoffketten fand vor Millionen von Jahren statt, deswegen ist Bernstein gegen organische Lösungsmittel deutlich widerstandsfähiger als heutige natürliche Harze (Kopalharze) und künstliche Harze (hauptsächlich Styrole). Beim Ausfließen haben die Harze manchmal Spinnen **(2)**, Ameisen **(4)** oder Mücken **(3)** eingefangen, außerdem können aus der Zeit der Entstehung Luftblasen und verschiedene Pollen **(1)** eingeschlossen sein. Dadurch sind Bernsteinstücke manchmal trüb. Die Insekten können in einem Bernsteinbrocken auch wie schwarze Flecken aussehen **(8)**.

So genannter „knochiger" Bernstein, der nur kleine Bläschen enthält, kann durch Erhitzen „geklärt" werden. Während der Behandlung entstehen im Inneren meist glatte runde, manchmal strahlige Gebilde **(6)**, die an kleine Sonnen oder Seerosenblätter erinnern. Bereits zu Beginn unserer Zeitrechnung wurde Bernstein mit Hammelfett erhitzt, um ihn zu klären, und es gibt entsprechende Verfahren, um ihn zu färben – vor allem in Rottönen, die besonders im Orient beliebt sind.

6

7
x 10

8
x 5

1

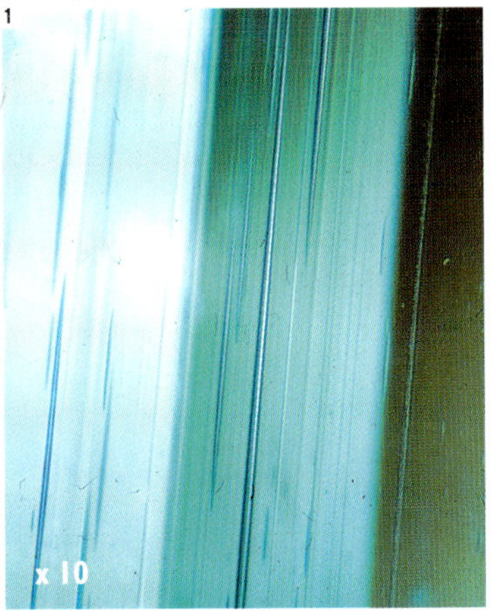

2

3

4

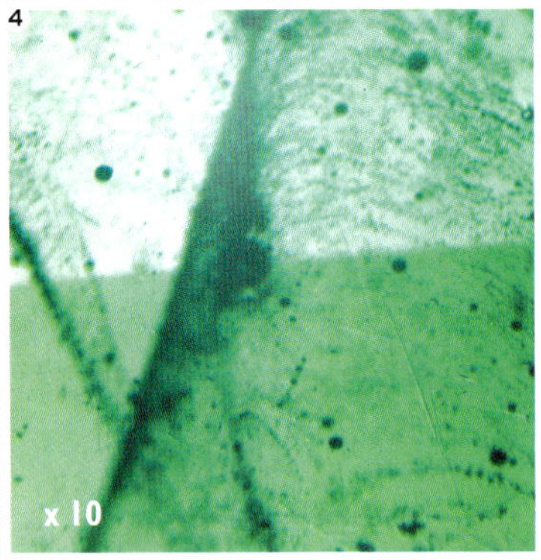

Veredelung

Als Homo erectus vor 700.000 Jahren lernte, das Feuer zu beherrschen, wurde die Umwandlung von Materie möglich. Vor gut 20.000 Jahren behandelten die Menschen des Paläolithikums den Flint (kieseliges Gestein aus Chalcedon und beigemengtem Opal) mit Feuer, um sein Gefüge so zu verändern, dass sie ihn zu ihren berühmten Werkzeugen (Klingen) verarbeiten konnten. Auch heute genügt einfaches Erhitzen auf Temperaturen um 1000 °C, um manchen Mineralien eine attraktivere Farbe zu verleihen. Doch die Verfahren des Brennens wurden weiterentwickelt, und heute wird mit Temperaturen in einer Größenordnung von 2000 °C gearbeitet, um z.B. einem Saphir ein klareres und beständigeres Blau zu verleihen; allerdings kommt es dabei oft zu charakteristischen inneren Veränderungen **(8)**. Technisch ist es ebenfalls heute möglich, durch Anwendung eines Drucks von 60.000 Atmosphären (60 kbar) bei 1500 °C aus bräunlichen Diamanten farblose zu machen!

Die Chaldäer (um 7. Jh. v.d.Z.) kannten bereits verschiedene Färbemethoden für poröse oder rissige Steine; sie wandten z.B. eine Imprägnierung mit Zuckerlösung (Honig) und anschließender saurer Lösung (z.B. Vitriol) an, um auf diese Weise Kohlepartikel zwischen die ursprünglichen Zellen eines wenig irisierenden Opals einzufügen und ihm das Aussehen eines schwarzen (allerdings „falschen"!) Opals zu verleihen **(7)**. Ebenso lässt sich aus einem Gemeinen Chalcedon äußerlich ein Onyx machen oder durch einfaches Färben Jaspis zu Lapislazuli usw.

Sichtbare trockene Risse in einem Kristall lassen sich durch Infiltration von Öl, Kunststoff oder sogar Glaspartikel mildern; Letztere können sich wie Leim verhalten und das behandelte Mineral deutlich verfestigen, so zeigt etwa Abb. **9** einen Rubin, dessen Risse künstlich mit Glas gefüllt wurden.

Von den vielfältigen heutigen Behandlungen seien noch verschiedene Verfahren der Bestrahlungen erwähnt, um z.B. eine Gruppe von Bergkristallen in den gefragteren Rauchquarz zu verwandeln. Auch ist es möglich, mit Hilfe der Lasertechnologie einen dunklen Einschluss in einem Diamanten aufzulösen **(10)**.

5

6

7

Imitationen

Die ersten Imitationen treten zeitgleich mit den ersten Zivilisationen auf: Emails und Glasschmelzen wurden schon vor 6000 Jahren hergestellt. Die Verfahren wurden nach und nach verbessert, und heute kann man mit Glas praktisch alles imitieren: Grünes Glas mit ein paar Luftbläschen, die in die Länge gezogen wurden, kann Turmalin vortäuschen **(1)**. Glas, das durch einen Niederschlag von Kupferplättchen zu Aventurin und mit verschiedenfarbigen Glaspartikeln verbunden wurde, kann wie ein bestimmter Achat aussehen **(2)**. Gebündelte Glasfasern, die normalerweise für Glasfaserkabel verwendet werden, lassen sich so verarbeiten, dass sie Schillerquarz nachahmen **(3)**. Grünes Glas, in das schichtweise Gasbläschen eingeblasen werden, könnte mit diesen Einschlüssen als Smaragd durchgehen **(4)**. Schon Plinius der Ältere schrieb im Jahre 78 über diese Imitationen: „Keine Art von Betrug ist einträglicher."

Derzeit muss man auch an die verschiedenen Montagen denken, mit denen ein gutgläubiger Steineliebhaber getäuscht werden kann, beispielsweise grüner Fluorit, der in eine passgenau vorbereitete Höhlung in einer Turmalinknolle eingefügt und mit glimmerhaltigem Kleber fest verbunden wurde, um schließlich als „Smaragd auf Gesteinsader" angeboten zu werden **(5)**.

Gesuchtere Steine werden auch an Orten verkauft, wo Reisende nicht auf die Idee kämen, sie könnten auf raffinierte Fälschungen hereinfallen: z.B. auf einen Oktaeder, der in eine „Flasche" aus mittels Verneuil-Verfahren hergestelltem **(13)** farblosen synthetischen Korund eingeschliffen **(6)** und mitten im afrikanischen Busch (nicht weit von einer Diamantlagerstätte) als Diamant vorgeführt wurde.

8

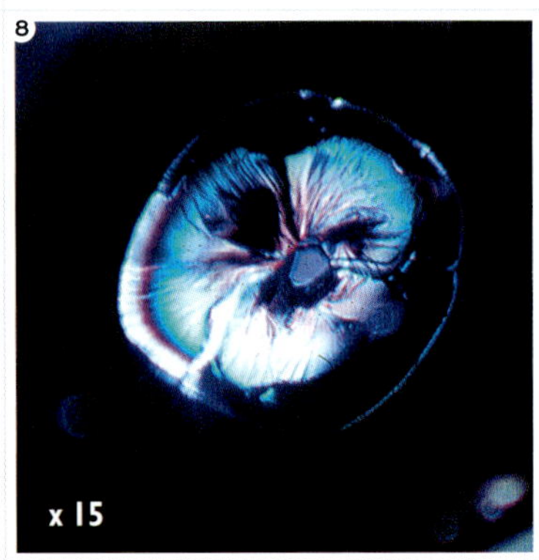

9

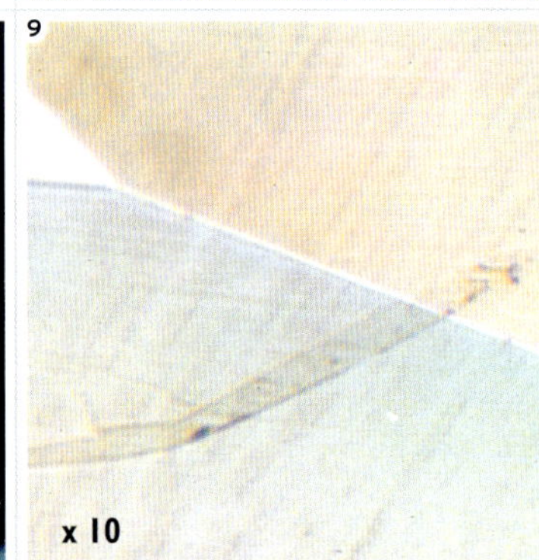

10

11

12
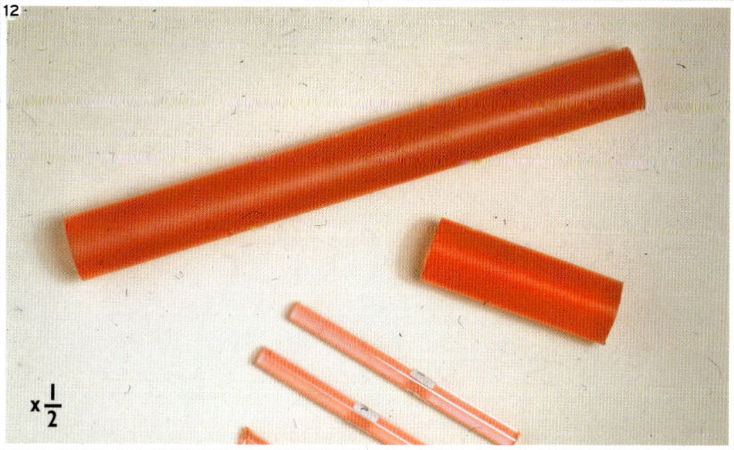

Künstliche Kristalle

Neben den Salz- und Alaunkristallen waren Smaragde die ersten synthetischen Kristalle, die 1848 von Ebelmen in der Porzellanmanufaktur von Sèvres (Frankreich) hergestellt wurden. Seither wurden die Methoden diversifiziert, und man kann heute praktisch jedes Mineral synthetisch herstellen – als Letztes gelang dies für den Diamant im Jahr 1953. In der Juwelierbranche hat der Handel mit synthetischen Edelsteinen Tradition: Rubine seit 1898 Saphire seit 1911, Smaragde seit 1938 und Diamanten seit 1985.

Die billigsten Herstellungsverfahren für künstliche Kristalle beginnen mit einer Flüssigkeit, in der die chemischen Bausteine des Kristalls enthalten sind, der synthetisiert werden soll. Man unterscheidet folgende Verfahren:

– mit dem Verneuil-Verfahren: Hierbei lässt man die Flüssigkeit Tropfen für Tropfen aus der Schmelze auskristallisieren (für Korund bei über 2050 °C); dabei entstehen Kristalle mittlerer struktureller Qualität. Sie sind fläschchenförmig und werden meist für die Verarbeitung im Juwelierhandwerk geschliffen **(13)**.

– mit dem Czochralsky-Verfahren: Dabei wird der Kristall aus der Schmelze „gezogen". So erhält man zylindrische Kristalle guter struktureller Qualität, die sich für Laser **(12)** eignen.

– mit dem Brigman-Verfahren: Hier lässt man die Flüssigkeit langsam in ihrem Behälter kristallisieren, z.B. zur Synthese künstlicher Zirkone. Seit 1976 ist dies das wichtigste und überzeugendste Syntheseverfahren für Diamanten, die unter verschiedenen Phantasienamen gehandelt werden (Djévalit, Burmalit u.a.).

Bei Herstellungsverfahren, die von einer Anhydridlösung mit den chemischen Komponenten des gewünschten Kristalls ausgehen, werden facettierte Kristalle erzeugt, und zwar synthetische Rubine **(14)**, synthetische Saphire **(15)** und synthetische Smaragde **(16)**.

Industriell werden außerdem manchmal künstliche Kristalle hergestellt, etwa Magnesiumoxid MgO, das ist synthetischer Periklas **(11)**, dessen natürliche Version bei der Verhüttung von Magnesium anfällt.

Mit den Herstellungsverfahren, die von einer hydrothermalen Lösung der Bestandteile des künftigen Kristalls ausgehen, werden Kristalle von ausgezeichneter struktureller Qualität erzeugt. Als direkte Folge der ursprünglichen Absicht, Einkristalle aus künstlichem piezoelektrischen Quarz **(19)** für das Fernmeldewesen im Zweiten Weltkrieg herzustellen, kann man heute auch Amethyste, roten Spinell, Smaragde usw. auf diese Weise synthetisch erzeugen. Auf diesem Verfahren beruht auch die Herstellung der synthetischen Opale, die seit 1974 im Juwelierhandel angeboten werden.

Die künstliche Kristallisation des Diamanten geschieht unter gut 60.000 Atmosphären und bei 1500 °C. Am einfachsten sind die Farben von Braun bis Gelb zu erzielen **(17, 18)**, denn es ist nicht leicht, in stickstofffreier Atmosphäre zu arbeiten (Stickstoff wirkt als Farbzentrum). Künstliche farblose Diamantkristalle gibt es erst seit 1994.

Inzwischen ist die automatisierte Herstellung von künstlichen Diamantkristallen im Vakuum angelaufen, und die ersten synthetischen Diamanten dieser Art sind seit 2004 im Handel.

13

14

15

16

17
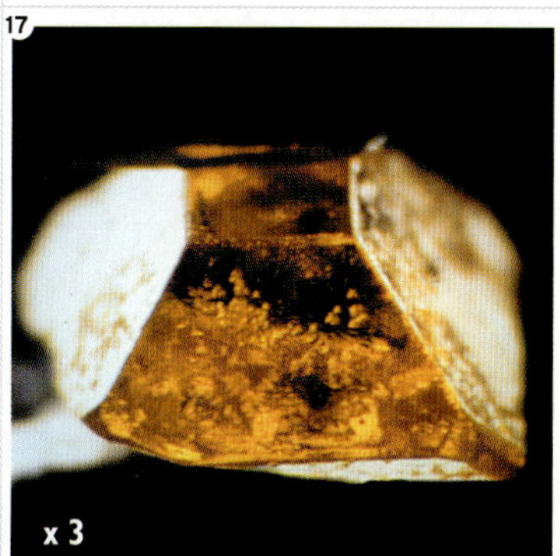

18

19

Kristallchemische Klassifikation der Mineralien

Im Allgemeinen werden die mehr als 2500 bekannten Mineralien heute nach ihrer Zusammensetzung sowie nach der Anordnung der chemischen Elemente klassifiziert. Die so definierten Klassen und Gruppen und ihre im Buch vorgestellten Vertreter werden im Folgenden dargestellt. In den Tabellen finden Sie nach dem Namen jedes Minerals die kristallchemische Formel, das Kristallsystem, dem es angehört (kub = kubisch, tetr = tetragonal, hex = hexagonal, tri = rhomboedrisch oder trigonal, orh = orthorhombisch, mkl = monoklin, tkl = triklin), die üblichen Farben, die Mohs-Härte (H) und das spezifische Gewicht oder die Dichte (d) bezogen auf Wasser.
Die Namen von Hauptgruppen sind fett gedruckt.
Pfeile ➝➝ vor einem Mineral bedeuten, dass dieses Mineral mit dem vorhergehenden eine Mischkristallreihe bildet.

I – Elemente

Nur wenige Mineralien kommen als reine Elemente vor; meist sind sie Ionen einer bestimmten chemischen Verbindung. Sie sind im Folgenden nach der Art der Ionen klassifiziert, die von dem neutralen chemischen Element abgeleitet werden.

I – Metalle – Diese Elemente bilden nur (elektrisch positive) Kationen. Im Reinzustand befinden sich sämtliche peripheren Elektronen eines Metalls in einer Elektronenwolke, die ihre Kohäsion sichert – was ihre gute elektrische Leitfähigkeit bewirkt. Kristallografisch gleichen die Metalle dichtesten Kugelpackungen, die dem kubischen oder dem hexagonalen Kristallsystem zuzuordnen sind.

Name	Formel	Kristallsystem	Farbe	Härte	Dichte
Gold	Au	kub	sonnengelb	2 1/2–3	19,3
Silber	Ag	kub	silbrig weiß, wird glanzlos	3	10,5
Quecksilber	Hg	flüssig	silbrig weiß	flüssig	13,6
Kongsbergit	Ag_2Hg_3	kub	silbrig weiß	2	10,8
Kupfer	Cu	kub	braun-rot	2 1/2	8,95
Platin	Pt	kub	stahlgrau	4–4 1/2	21,5

Beispiel Magnesium, metallisches Element mit 12 Protonen

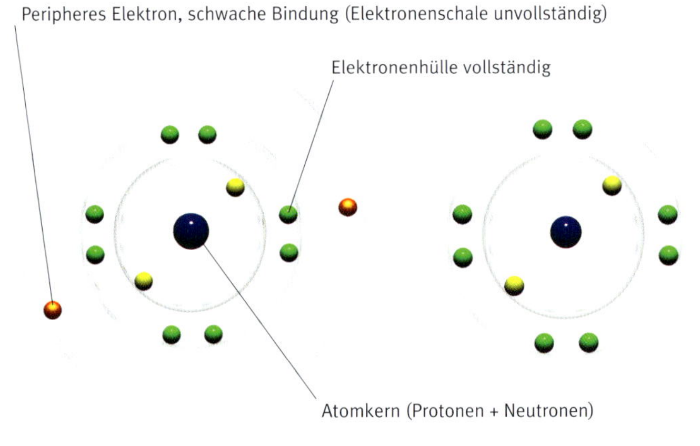

Neutrales Magnesiumatom

Magnesium-Kation Mg^{2+} (Verlust der peripheren Elektronen)

Elemente

Symbole und Ionenradien

	Element	Elektrische Ladung	Ionenradius Å
Ag	Silber	1+	1,26
Al	Aluminium	3+	0,51
As	Arsen	3+	0,58
		5+	0,46
Au	Gold (Aureum)	1+	1,37
B	Bor	3+	0,23
Ba	Barium	2+	1,34
Be	Beryllium	2+	0,35
Bi	Wismut	3+	0,96
		5+	0,74
C	Kohlenstoff	4+	0,16
Ca	Calcium	2+	0,99
Cd	Cadmium	2+	0,97
Ce	Cer	3+	1,07
Cl	Chlor	1–	1,81
Co	Kobalt	2+	0,72
Cr	Chrom	3+	0,63
		6+	0,52
Cs	Caesium	1+	1,67
Cu	Kupfer	1+	0,96
		4+	0,70
Dy	Dysprosium	3+	0,92

	Element	Elektrische Ladung	Ionenradius Å
F	Fluor	1–	1,36
Fe	Eisen	2+	0,74
		3+	0,64
H	Wasserstoff	1+	Proton
Hg	Quecksilber	2+	1,10
I	Jod	1–	2,16
K	Kalium	1+	1,33
La	Lanthan	3+	1,14
Li	Lithium	1+	0,68
Mg	Magnesium	2+	0,66
Mn	Mangan	2+	0,80
Mo	Molybdän	4+	0,70
		6+	0,62
N	Stickstoff	5+	0,13
(NH_4)	Ammoniumgruppe	1+	1,43
Na	Natrium	1+	0,97
Nb	Niobium	5+	0,69
Ni	Nickel	2+	0,69
O	Sauerstoff	2–	1,40
(OH)	Hydroxylgruppe	1–	1,40
P	Phosphor	5+	0,35
Pb	Blei	2+	1,20

2 – Halbmetalle – Elemente, die mal als Kationen, mal als (elektrisch negative) Anionen auftreten können.

Name	**Formel**	**Kristallsystem**	**Farbe**	**Härte**	**Dichte**
Arsen	As	tri	hellgrau, wird schwarz	$3\,^1/_2$	5,7
Antimon	Sb	tri	zinnweiß	$3–3\,^1/_2$	6,7
Wismut	Bi	tri	silbrig weiß, rosa	$2–2\,^1/_2$	9,8

Beispiel Arsen, ein Halbmetall mit 33 Protonen

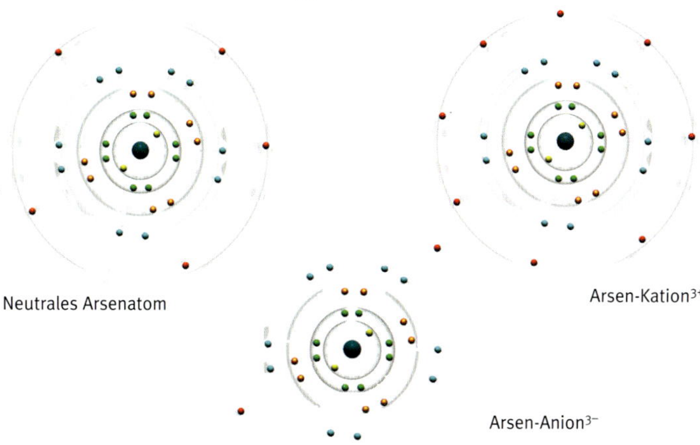

3 – Kohlenstoff und Kohlenstoffverbindungen – Kohlenstoffatome verknüpfen sich untereinander oder mit Siliziumatomen durch kovalente Bindungskräfte. Im Graphit entstehen dabei Schichten aus hexagonalen Ringen, die untereinander durch lose verankerte Elektronen verbunden sind, was sowohl die elektrische Leitfähigkeit bedingt als auch die Schichten leicht untereinander verschiebbar macht; darum fühlt Graphit sich fettig an und findet als Schmiermittel Verwendung. Die Kohlenstoffatome des Diamanten sind dreidimensional kovalent gebunden. Darauf beruht sein Mohs'scher Härtegrad und seine Eigenschaft als elektrisch isolierender Werkstoff.

	Element	Elektrische Ladung	Ionenradius Å
Pt	Platin	2+	0,80
S	Schwefel	2–	1,84
		6+	0,29
Sb	Antimon	5+	0,62
Si	Silizium	4+	0,42
Sn	Zinn	4+	0,71
Sr	Strontium	2+	1,12
Ta	Tantal	5+	0,68
Te	Tellur	2–	2,21
		6+	0,56
Th	Thorium	4+	1,02
Ti	Titan	4+	0,68
Tl	Thallium	3+	0,95
U	Uran	4+	0,97
V	Vanadium	5+	0,59
W	Wolfram	4+	0,70
		6+	0,62
Y	Yttrium	3+	0,92
Yb	Ytterbium	3+	0,86
Zn	Zink	2+	0,74
Zr	Zirkonium	4+	0,79

Å = Ångström; 10.000.000 Å = 1 mm; 10 Å = 1 Nanometer (nm)

Name	**Formel**	**Kristallsystem**	**Farbe**	**Härte**	**Dichte**
Graphit	C	hex	eisengrau bis schwarz	1	[illegible]
Diamant	C	kub	farblos u. alle Farben	10	3,52
Karborund	SiC	hex	schwarz	$9\,^1/_2$	3,2

Kohlenstoff, Element mit 6 Protonen

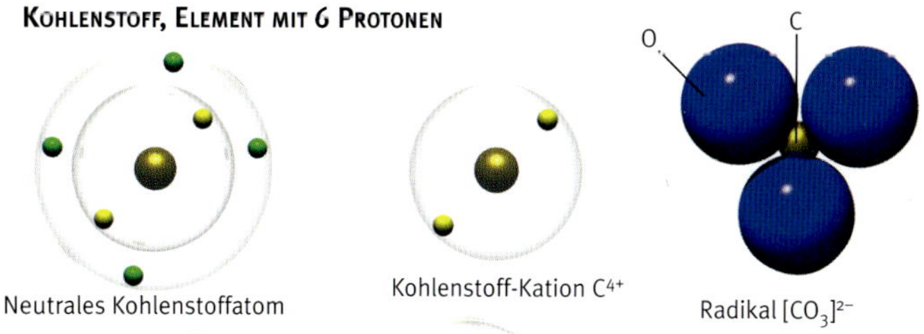

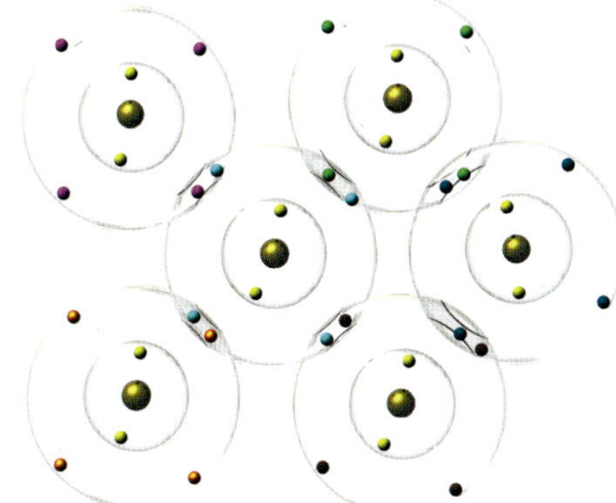

Kovalente Bindungen des Kohlenstoffs im Diamant (Elektronenpaare geben jedem Atom eine vollständige Elektronenschale).

4 – Nichtmetalle – Diese Elemente bilden in Verbindung nur Anionen. Im Reinzustand bestehen die Nichtmetalle aus kovalent gebundenen Makromolekülen, die durch schwache van-der-Waals'sche Kräfte in einem Raumgitter zusammengehalten werden. Darauf beruhen ihre geringe Mohs-Härte und ihre wärmeisolierenden Eigenschaften. So besteht reiner Schwefel aus runden S_8-Ringen, die untereinander schwach zusammengehalten werden.

Name	**Formel**	**Kristallsystem**	**Farbe**	**Härte**	**Dichte**
Schwefel	S	orh u. mkl	gelb	$1\,^1/_2–2$	2,0
Tellur	Te	tri	zinnweiß	$2–2\,^1/_2$	6,2

Schwefel, Beispiel für ein nichtmetallisches Element mit 16 Protonen

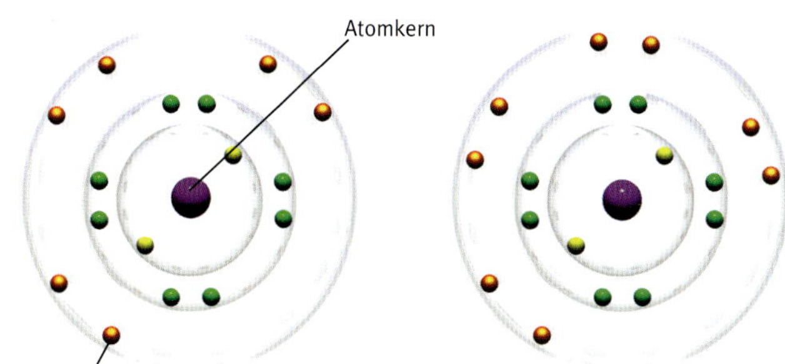

Neutrales Schwefelatom

Schwefelanion S^{2-} (Durch Aufnahme von 2 peripheren Elektronen ist die Elektronenschale komplett)

II – Sulfide, Arsenide, Antimonide, Telluride, Selenide und Wismutide

Ungefähr 350 Mineralien sind durch die Verbindung von metallischen und/oder halbmetallischen Kationen mit nichtmetallischen und/oder halbmetallischen Anionen entstanden. Die Bindung im Kristall erfolgt im Wesentlichen durch elektrische Kräfte der Ionen. Die Strukturen sind oft dichte Packungen von Anionen, die eine hohe Kristallsymmetrie ergeben. Die Klassifizierung erfolgt nach dem zahlenmäßigen Verhältnis zu Kation und Anion oder nach dem hauptsächlich enthaltenen Metall oder Halbmetall. Wir wählen die zweite Möglichkeit, denn diese Mineralien zählen zu den wichtigsten Vertretern der nicht eisenfreien und unedlen Metalle.

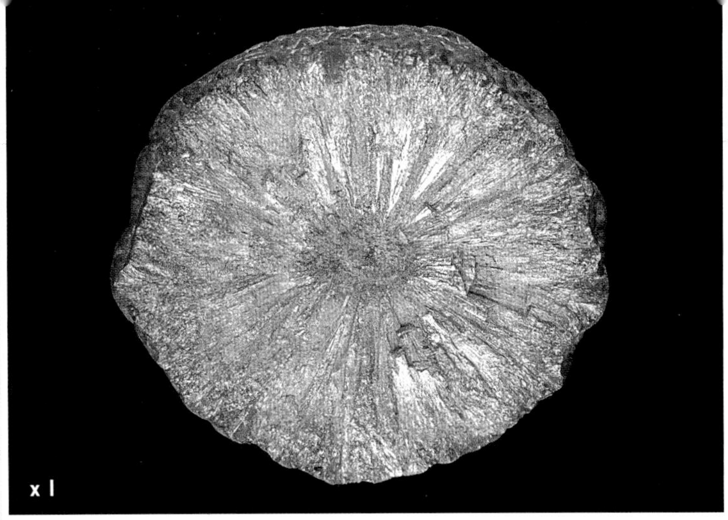

„Donnerkugel" aus Markasit

1 – Kupfersulfide und Sulfosalze

Name	Formel	Kristallsystem	Farbe	Härte	Dichte
Cuprosulfid	Cu_2S	orh	bleigrau	2 ½–3	5,5–5,8
Covellin	CuS	hex	dunkelblau	1 ½–3	4,6
Chalkopyrit	$CuFeS_2$	tetr	milchig gelb	3 ½–4	4,1–4,3
Bornit (Buntkupferkies)	Cu_5FeS_4	tetr	dunkelrot bis bronzegelb irisierend	3	5,0
Stannith	Cu_2FeSnS_4	tetr	stahlgrau/bleifarben mit grünen Reflexen	4	4,3 / 4,5
Bournonit	$CuPbSbS_3$	orh	bleigrau	2 ½	5,8
Enargit	Cu_3AsS_4	orh	eisenschwarz/stahlgrau	3	4,5
Kupferfahlerze					
Tetraedrit	$(Cu^+,Ag)_{10}(Cu^{2+},Fe,Hg,Zn)2(Sb,As)_4\ S_{13}$	kub	eisengrau	3	5,1
➛ ➛ Tennantit	$(Cu+,Ag)_{10}\ (Cu^{2+},Fe,Hg,Zn)_2\ (As,Sb)_4S_{13}$	kub	bleigrau bis eisengrau	4 ½	4,6
Freibergit			silberreiches Kupferfahlerz		
Schwazit			quecksilberreiches Kupferfahlerz		

2 – Blei- und Zinksulfide und -sulfosalze

Name	Formel	Kristallsystem	Farbe	Härte	Dichte
Sphalerit (Zinkblende)	ZnS	kub	braun bis schwarz, honiggelb, manchmal rot, grün	3–4	3,5–4,2
Greenockit	CdS	hex	gelbgrün bis rotorange	3–3 ½	4,9
Galenit (Bleiglanz)	PbS	kub	bleigrau	2–3	7,4–7,6
Sartorit (Skleroklas, Arsenomelan)	$PbAs_2S_4$	mkl	dunkel bleigrau	2	5,4
Liveingit	$Pb_9As_{13}S_{28}$	mkl	bleigrau	3	5,3
Cylindrit	$Pb_3Sn_4FeSb_2S_{14}$	tkl	eisenschwarz	2 ½–3	5,4
Boulangerit	$Pb_5Sb_4S_{11}$	mkl	bleigrau bis eisenschwarz	2 ½–3	5,6 / 6,2
Zinkenit	$Pb_9Sb_{22}S_{42}$	hex	stahlgrau bis eisenschwarz	3–3 ½	5,1 / 5,4
Semseyit	$Pb_9Sb_8S_{21}$	mkl	grau bis schwarz	3	5,8 / 5,95
Cosalit	$Pb_2Bi_2S_5$	orh	bleigrau	2 ½–3	6,4 / 6,8
Andorit	$PbAgSb_3S_6$	orh	dunkelgrau bis schwarz	3–3 ½	5,5
Meneghinit	$Pb_{13}CuSb_7S_{24}$	orh	dunkel bleigrau	3	6,4
Jamesonit	$Pb_4FeSb_6S_{14}$	mkl	bleigrau	2–3	5,6

3 – Eisen- und Mangansulfide und -sulfosalze

Name	Formel	Kristallsystem	Farbe	Härte	Dichte
Pyrit	FeS_2	kub	blass-milchig-gelb	6–6 ½	5,0
Pyrrhotin (Magnetkies)	$Fe_{1-X}S$	hex	rosagelblich, bronzefarben	3 ½–4 ½	6–4,7 magnetisch
Markasit	FeS_2	orh	bronzegelb mit leicht graugrünem Stich	6–6 ½	4,8
Löllingit	$FeAs_2$	orh	silbrig weiß bis stahlgrau	5–5 ½	7,5
Arsenopyrit	$FeAsS$	mkl	silbrig weiß bis stahlgrau	5 ½–6	6,0
Hauérit	MnS_2	kub	braun bis schwarz	4	3,6

4 – Kobalt-Nickel-Sulfide und -Sulfosalze

Name	Formel	Kristallsystem	Farbe	Härte	Dichte
Ullmannit	$NiSbS$	kub	bläulich silbergrau	5–5 ½	6,7
Millerit	NiS	tri	milchig gelb bis bronze	3–4	5,2 / 5,6
Nickelin	$NiAs$	hex	blasskupferrot	5–5 ½	7,8
Linneit	$Co^{2+}Co^{3+}{}_2S_4$	kub	hellgraurosa	4 ½–5 ½	4,5/4,8
Glaucodot	$(Co,Fe)AsS$	orh	zinnweiß	5	5,9/6,0
Cobaltit	$CoAsS$	kub	rötlich silberweiß bis grauviolett	5	6,3
Weisse Arsenide					
Skutterudit	$CoAs_{3-X}$	kub	zinnweiß bis stahlgrau	5 ½–6	5,5
Safflorit	$CoAs_2$	orh	zinnweiß bis bleigrau	4 ½	7,2

5 – Quecksilber-, Thalliumsulfide und -sulfosalze

Name	Formel	Kristallsystem	Farbe	Härte	Dichte
Zinnober (Cimabarit)	HgS	tri	glänzend karminrot, dunkelt braun nach	2–2 ½	8–8,1
Lorandit	$TlAsS_2$	mkl	karminrot, wird grau	2 ½	5,5

6 – Molybdänsulfide und -sulfosalze

Name	Formel	Kristallsystem	Farbe	Härte	Dichte
Molybdänit (Molybdänglanz)	MoS_2	hex	bleigrau	1–1 ½	4,7 fühlt sich fettig an

7 – Edelmetallsulfide und -schwefelsalze

Name	Formel	Kristallsystem	Farbe	Härte	Dichte
Argentit (Silberglanz)	Ag_2S	kub	bleigrau/schwarz	2–2 ½	7,3
Hessit	Ag_2Te	mkl	bläulich grau	2 ½	8,4
Calaverit	$AuTe_2$	mkl	hell-milchig-gelb	2 ½–3	9,2
Sylvanit	$AuAgTe_4$	mkl	stahlgrau/silbrig weiß	1 ½–2	8,2
Sperrylith	$PtAs_2$	kub	zinnweiß	6–7	10,8
Rotgültigerze					
Proustit	Ag_3AsS_3	tri	lebhaft rot, wird bei Licht schwarz	2–2 ½	5,6
Pyrargyrit	Ag_3SbS_3	tri	braun mit rotviolettem Stich, dunkelt nach	2–2 ½	5,85
Pyrostilpnit	Ag_3SbS_3	mkl	dunkelrot	2	5,9
Schwarzes Rotgültigerz					
Stephanit	Ag_5SbS_4	orh	tiefeisenschwarz	2–2 ½	6,3
Polybasit	$(Ag,Cu)_{16}Sb_2S_{11}$	mkl	grau-schwarz	2–3	6,1
Nagyagit	$AuPb_5SbTe_3S_6$	tetr	schwarz	1–1 ½	7,4

8 – Halbmetallsulfide und -sulfosalze

Name	Formel	Kristallsystem	Farbe	Härte	Dichte
Stibnit	Sb_2S_3	orh	stahlgrau bis bleigrau	2	4,6
Kermesit	Sb_2S_2O	tkl	dunkelkarminrot	1–1 ½	4,5–4,6
Bismuthinit	Bi_2S_3	orh	bleigrau bis silberweiß	2	6,8
Tetradymit	Bi_2Te_2S	hex	bleigrau	1 ½	7,6
Realgar	AsS	mkl	zinnoberrot, wird bei Licht orangefarben	1 ½	3,5
Auripigment (Rauschgelb)	As_2S_3	mkl	verschiedene Gelbnuancen	1 ½–2	3,5

III – Halogenide

Etwa 150 Mineralien bestehen aus – manchmal hydroxylhaltigen – Verbindungen eines Halogens (Fluor F^-, Chlor Cl^-, Brom Br^-, Jod I^-) mit einem oder mehreren Metallen. Dabei wird die Kristallkohäsion fast ausschließlich durch Ionenbindungen erreicht. Häufig bilden die großen Anionen (F^-, Cl^-, I^-) kubische Gitter, in denen die Kationen (Na^+, K^+, Ca^{2+}) die Lücken füllen. Die Salze sind im Allgemeinen gut wasserlöslich und stammen oft aus Lagunen, die zu verschiedenen geologischen Zeiten ausgetrocknet sind. Meistens sind sie ziemlich farblos und haben nur eine geringe Mohs-Härte. Sie werden klassifiziert als einfache Salze mit nur einer Sorte Kation, als Doppelsalze mit zwei Sorten von Kationen und in Hydroxylsalze, die charakteristischerweise $(OH)^-$ -Gruppen enthalten.

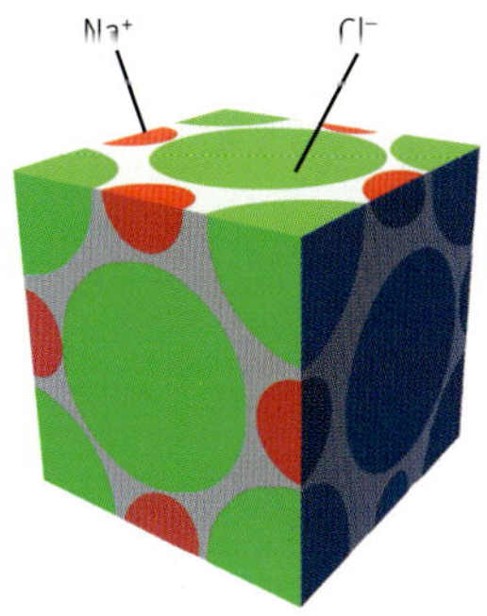

Bauteilchen von Halit (Steinsalz)

I – Einfache Halogenide

Name	Formel	Kristallsystem	Farbe	Härte	Dichte
Villiaumit	NaF	kub	rosaviolett	2	2,8
Fluorit (Flussspat)	CaF_2	kub	farblos und alle Farben	4	3,2
Halit (Steinsalz)	$NaCl$	kub	farblos, blau, weiß bis braun	2	2,2
Sylvin	KCl	kub	rot, farblos	2	2,0
Nantokit	$CuCl$	kub	farblos bis grau	$2–2\frac{1}{2}$	3,95
Cerargyrit (Chlorargyrit)	$AgCl$	kub	grau, braun nachdunkelnd	$2\frac{1}{2}$	5,5
Kalomel	$HgCl$	tetr	grau bis gelblich, braun nachdunkelnd	1–2	6,5
Salmiak	NH_4Cl	kub	farblos bis grau, bräunlich	1–2	1,5
Jodargyrit (Iodyrit)	AgI	hex	blassgelb bis grün	$1\frac{1}{2}$	5,5/5,7

2 – Doppelsalze

Name	Formel	Kristallsystem	Farbe	Härte	Dichte
Kryolith	$Na_3(AlF_6)$	mkl	farblos bis schneeweiß bräunlich bis schwarz	$2\frac{1}{2}$	3,0
Thomsenolit	$NaCa(AlF_6)\cdot H_2O$	kub	farblos, weiß	2	3,0
Pachnolit	$NaCa(AlF_6)\cdot H_2O$	mkl	farblos	3	3,0
Ralstonit	$Al_2(F,OH)_6\cdot H_2O$	kub	farblos bis weiß	$4\frac{1}{2}$	2,55

Halit (Steinsalz)

3 – Oxihalogenide

Name	Formel	Kristallsystem	Farbe	Härte	Dichte
Nadorit	$PbSbO_2Cl$	orh	verschiedene Brauntöne	3–4	7,0
Paralaurionit	$Pb(OH)Cl$	mkl	farblos bis weiß	2–3	6,0
Percylit	$CuPb(OH)_2Cl_2$	kub	himmelblau	2–3	
Atacamit	$Cu_2(OH)_3Cl$	orh	verschiedene Grüntöne	3	3,8
Diaboleit	$CuPb_2(OH)_4Cl_2$	tetr	himmelblau	$2\frac{1}{2}$	6,4
Cumengeit	$Cu_4Pb_4(OH)_8Cl_8,H_2O$	tetr	indigoblau	$2\frac{1}{2}$	4,7
Boleit	$KCu_{24}Pb_{26}Ag_9(OH)_{48}Cl_{62}$	tetr	königsblau	$3–3\frac{1}{2}$	5,0
Connellit	$Cu_{19}[Cl_4(OH)_{32}/SO_4]\cdot 2H_2O$	hex	himmelblau bis königsblau	3	3,4

IV – Oxide und Hydroxide

Ungefähr 350 Mineralien bestehen aus Verbindungen des Sauerstoffs mit Metallen und oder Halbmetallen. Da die Sauerstoffanionen O^{2-} und die Hydroxylgruppen $(OH)^-$ im Verhältnis zu den Kationen sehr groß sind, werden die Kristallstrukturen im Wesentlichen durch die Packung der Anionen bestimmt, deren Zwischenräume (Lücken) von den Kationen besetzt werden: Dadurch entstehen Kristalle mit hoher Symmetrie. Die Oxide werden hier in einfache Oxide mit nur einer Sorte Kation und komplexe Oxide mit mindestens zwei Sorten Kationen (Fe^{++}/Fe^{+++}, Be^{++}/Al^{+++} usw.) und Hydroxide mit der charakteristischen Hydroxylgruppe $(OH)^-$ unterteilt.

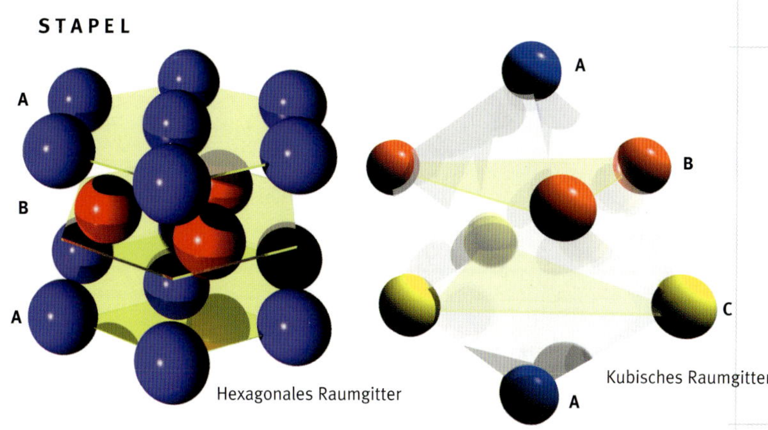

I – Einfache Oxide

Name	Formel	Kristallsystem	Farbe	Härte	Dichte
Cuprit (Rotkupfererz)	Cu_2O	kub	zinnoberot, wird schwarz	$3\frac{1}{2}–4$	6,1
Massicot	PbO	orh	zitronengelb	2	9,6
Zinkit	ZnO	kub	rot-orange	4	5,7
Valentinit	Sb_2O_3	tri	farblos, schneeweiß	$2\frac{1}{2}–3$	5,7
Senarmontit	Sb_2O_3	kub	farblos bis grau	$2–2\frac{1}{2}$	5,5
Bixbyit	$(Mn, Fe)_2O_3$	kub	schwarz	$6–6\frac{1}{2}$	5,0
Korund	Al_2O_3	tri	farblos u. alle Farben	9	4,0
Hämatit	Fe_2O_3	tri	grauschwarz glänzend	5–6	5,2
Rutil	TiO_2	tetr	fuchsrot (Venushaar), rotstichige Brauntöne	$6–6\frac{1}{2}$	4,2
Anatas	TiO_2	tetr	dunkles Honigbraun, dunkelblau	$5\frac{1}{2}–6$	3,9
Brookit	TiO_2	orh	gelbbraun bis orange braunrot	$5\frac{1}{2}–6$	4,1
Cassiterit	SnO_2	tetr	hellbraun bis schwarz, gelb grünlich, manchmal farblos	6–7	7,0
Pyrolusit (Polianit)	MnO_2	tetr	dunkelgrau bis schwarz (färbt beim Anfassen ab)	2–6	5,0–5,2
Uraninit	UO_2	kub	schwarz	$5\frac{1}{2}$	6,5–10,9 (Pechblende)

Goethit

2 – Komplexe Oxide

Name	Formel	Kristallsystem	Farbe	Härte	Dichte
Spinell	$MgAl_2O_4$	kub	alle Farben	8	3,65
➛ Gahnit	$ZnAl_2O_4$	kub	grün-bläulich	7 ½–8	3,62
➛ Dysluite = manganhaltiger Gahnit					
➛ Franklinit	$ZnFe_2O_4$	kub	schwarz	5 ½–6 ½	5,1–5,2
➛ Magnetit	$Fe^{++}Fe^{+++}{}_2O_4$	kub	eisenschwarz	5 ½–6 ½	5,2
➛ Chromit	$FeCr_2O_4$	kub	schwarz	5 ½	4,4–5,1
Ilmenit	$Fe^{++}TiO_3$	tri	schwarz	5–6	4,7
Chrysoberyll (Kymophan)	$BeAl_2O_4$	orh	gelb, grün/rot (Alexandrit), manchmal Katzenaugeneffekt	8 ½	3,7
Kermesit	Sb_2S_2O	tkl	braun-rot	1–1 ½	4,7
Perowskit	$CaTiO_3$	orh pseudo kub	dunkelbraun	5 ½	4,0
Coronadit	$Pb(Mn^{2+}, Mn^{4+})_8O_{16}$	tetr	reines hellgrau	6	5,0
Columbit	$(Fe,Mn)\,(Nb,Ta)_2O_6$	orh	schwarz mit Rotschimmer	6–6 ½	5,2
➛ Tantalit	$(Fe,Mn)\,(Ta,Nb)_2O_6$	orh	schwarz mit Rotschimmer	6–6 ½	7,9
Stibiconit	$Sb^{3+}Sb^{5+}{}_2O_6(OH)$	kub	blassgelb	4–4 ½	5,5
Fergusonit	$YNbO_4$	orh	braun-schwarz erdig	5 ½–6	5,8–4,3 (hydriert)
Pyrochlor	$(Na,Ca)_2(Nb,Ta,Ti)_2O_6(OH,F,O)^-$	kub	braun-schwarz bis	5–5 ½	4,2–6,4
➛ Mikrolith	$(Ca,Na)_2(Ta,Nb,Ti)_2O_6(OH,F,O)$		braun-grün		
➛ Betafit	$(Ca,Na,U)_2(Ti,Nb,Ta)_2O_6OH$	kub	schwarz-grünlich	5–5 ½	3,75–4,77
Euxenit	$(Y,Dy,Yb,Ca,Ce,U,Th)(Nb,Ta,Ti)_2$ O6	orh	schwarz harzig	6 ½	5,9
➛ Polykras	$(Y,Dy,Yb,Ca,Ce,U,Th)(Ti,Nb,Ta)_2O_6$	orh	hell-gelblich-braun	5 ½	5,0
Samarskit	$(Y,Ce,U,Ca,Pb)(Nb,Ta,Ti,Sn)_2O_6$	orh	braun bis samtschwarz	5–6	5,6–5,8

3 – Hydroxide

Name	Formel	Kristallsystem	Farbe	Härte	Dichte
Gibbsit (Hydrargillit)	$Al(OH)_3$	mkl	grau	2 ½–3 ½	2,3–2,4
Diaspor	AlO(OH)	orh	hellgrau, violett, hellbraun	6 ½	3,4
Brucit	$Mg(OH)_2$	tri	grauweiß, bläulich, grünlich	2 ½	2,4
Goethit (Limonit)	FeO(OH)	orh	dunkelbraun bis braungelb	5	4,3
Manganit	MnO(OH)	mkl pseudo tetr	eisengrau	4	4,3
Psilomelan	$(Ba, H_2O)_2\,(Mn^{4+}, Mn^{3+})_5O_{10}$	mkl	braun-schwarz	5–7	3,3–4,7

V – Karbonate, Borate, Nitrate

Zu dieser Klasse gehören Mineralien, für die eine (XO_3)-Aniongruppe charakteristisch ist, wobei unter X ein Kation mit sehr geringem Durchmesser im Verhältnis zum Sauerstoff O^{2-} zu verstehen ist, nämlich Stickstoff N^{5+} (Nitrat), Kohlenstoff C^{4+} (Karbonat) und Bor^{3+} (Borat).

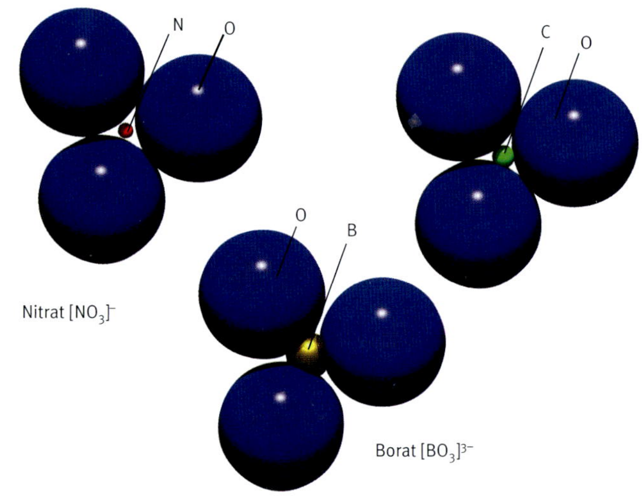

1 – Nitrate

Zur Gruppe der Nitrate gehören etwa zehn Mineralien. Ihr Merkmal ist das Radikal $(NO_3)^-$. Sie sind wasserlöslich und entstehen beim Verdampfen in feuchter Umgebung, z.B. in Kellern.

Name	Formel	Kristallsystem	Farbe	Härte	Dichte
Salpeter (Kalisalpeter im engen Sinn)	KNO_3	orh	grau pulverig	1 ½–2	2,1

2 – Karbonate

Etwa 100 Mineralien enthalten die flächenhaft angeordnete $(CO_3)^{2-}$-Gruppe. Ein Tropfen Säure bewirkt meist ein Aufbrausen durch die Freisetzung von CO_2; die Mohs-Härte beträgt kaum mehr als 5; die Farbe ist abhängig vom jeweiligen Gehalt an Kupfer, Kobalt, Chrom und anderen farbgebenden Übergangsmetallen. Karbonate können je nachdem, ob in der Struktur Hydroxyl und Wasser vorhanden sind oder fehlen, klassifiziert werden.

Kristallkörnchen von Dolomit auf Kalzit

Name	Formel	Kristallsystem	Farbe	Härte	Dichte
Wasserfreie Karbonate					
Magnesit	$Mg(CO_3)$	tri	farblos, weiß, gelb, braun	4 1/2–5	3,0
➝ ➝ eisenhaltiger Magnesit (Mesitith – Breunnerit)	$(Mg,Fe)(CO_3)$				
Smithsonit	$Zn\ (CO_3)$	tri	weiß, blau-grün, gelb-braun	5	4,4
Siderit (Eisenspat)	$Fe(CO_3)$	tri	braun-gelb, grau	3 1/2–4	3,5–4,0
Rhodochrosit	$Mn(CO_3)$	tri	rosa, weiß, gelb	3 1/2–4	3,7
Calcit	$Ca(CO_3)$	tri	weiß, alle Farben	3	2,7
Dolomit	$CaMg(CO_3)_2$	tri	farblos, gelbbraun, rosa	3 1/2–4	2,9
➝ ➝ Ankerit	$Ca(Fe,Mg,Mn)(CO_3)$	tri	braun	3 1/2	2,9–3,1
Aragonit	$Ca(CO_3)$	orh	farblos, alle Farben	3 1/2–4	3,0
Strontianit	$Sr(CO_3)$	orh	farblos, gelblich, grünlich	3 1/2–4	3,7
Witherit	$Ba(CO_3)$	orh	weiß, gelblich	3–3 1/2	4,3
Cerussit	$Pb(CO_3)$	orh	farblos, grau, gelblich	3	6,5
Wasserfreie Hydroxyl- oder Halogen-Karbonate					
Azurit	$Cu_3(OH)_2(CO_3)_2$	mkl	Blautöne	3 1/2–4	3,8
Malachit	$Cu_2(OH)_2(CO_3)$	mkl	Grüntöne	3 1/2–4	4,0
Rosasit	$(Zn,Cu)_2(OH)_2(CO_3)$	mkl	bläulich grün	4 1/2	4,0/4,2
Hydrozinkit	$Zn_5(OH)_6(CO_3)_2$	mkl	grau-weiß, gelblich	2 1/2	3,8
Hydrocerussit	$Pb_3(OH)_2(CO_3)_2$	hex	farblos, perlmuttfarben	3 1/2	6,8
Aurichalcit	$(Zn,Cu)_5(OH)_6(CO_3)_2$	orh	blau bis blassgrün	1 1/2	3,6/4,2
Dawsonit	$NaAl(OH)_2(CO_3)$	orh	weiß	3	3,4
Bastnäsit	$(Ce,La)F(CO_3)$	hex	gelb bis braun, fettglänzend	4	5,0
Phosgenit	$Pb_2Cl_2(CO_3)$	tetr	farblos, gelblich	2 1/2	6,1
Wasserhaltige Karbonate					
Natron	$Na_2(CO_3)\cdot 10H_2O$	mkl	weiß	1 1/2	1,5
Weloganit	$Sr_3Na_2Zr(CO_3)_6\cdot 3H_2O$	tkl pseudo orh	farblos, gelb, grün, blau	3 1/2	3,2
Wasserhaltige Hydroxylkarbonate					
Hydromagnesit	$Mg_5(OH)_2(CO_3)_4\cdot 4H_2O$	mkl	weiß	3 1/2	2,2
Hydrotalzit	$Mg_6Al_2(OH)_{16}(CO_3)\cdot 4H_2O$	hex	weiß, perlmuttfarben	2	2,1
Pyroaurit	$Mg_6Fe^{3+}{}_2(OH)_{16}(CO_3)\cdot 4H_2O$	hex	weiß, perlmuttfarben	2 1/2	2,1
Stichtit	$Mg_6Cr_2(OH)_{16}(CO_3)\cdot 4H_2O$	tri	violett	1 1/2	2,2

3 – Borate

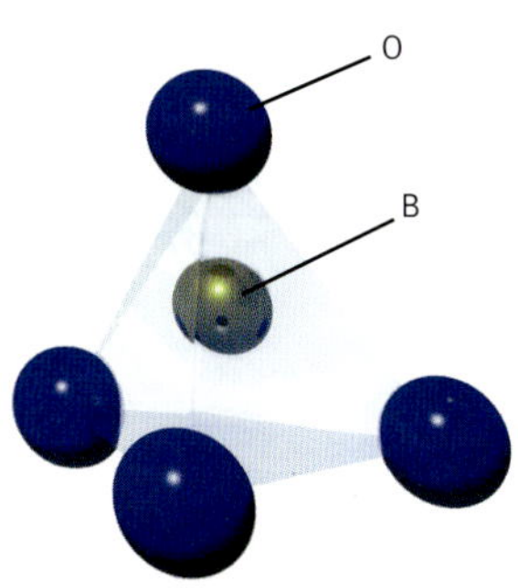

Nesoborat $[BO_4]^{5-}$

Die meisten Borate sind weiche Mineralien von geringer Dichte und werden von flächig angeordneten $(BO_3)^{3-}$-Gruppen gebildet (das Kation B^{3+} sitzt in der Höhle zwischen den drei O^{2-}-Anionen, die aneinander hängen) und/oder von $(BO_4)^{5-}$-Tetraedergruppen (das B^{3+}-Kation befindet sich in der Lücke zwischen vier aneinander hängenden O^{2-}-Anionen), die an weitere Kationen gebunden sind. Ihre Klassifikation beruht auf der Unabhängigkeit dieser Gruppen oder ihrer Verbindung zu zwei oder mehreren.

Nesoborate. Isolierte $(BO_3)^{3-}$- oder $(BO_4)^{5-}$-Gruppen

Name	Formel	Kristallsystem	Farbe	Härte	Dichte
Ascharit (Szaibelyit)	$Mg(BO_2OH)$	orh	gelb, weiß	2 1/2	2,7
Sussexit	$Mn(BO_2OH)$	orh	rosa	3	3,1
Sinhalit	$MgAl(BO_4)$	orh	braun	6 1/2	3,5

Soro-(Gruppen-), Ino-(Ketten-) und Tekto-(Gerüst-)borate

– Die Gruppe (B_2O_7) besteht aus zwei durch ein gemeinsames Sauerstoffatom verbundenen (BO_4)-Tetraedern, die – verknüpft mit zwei planaren (BO_3) einen $(B_4O_9)^{6-}$-Komplex bilden; manche O^{2-}-Ionen können durch ein Hydroxyl (OH)-Ion ersetzt werden.

– Gruppe (B_5O_{12}) besteht aus drei (BO_4) mit zwei gemeinsamen Sauerstoffatomen und ist durch zwei (BO_3) konsolidiert, die jeweils mit zwei gemeinsamen Sauerstoffatomen an sie binden, sodass $(B_5O_{12})^{9-}$ entsteht; einige O^{2-} können durch $(OH)^-$ ersetzt werden.

Das Bauprinzip der Colemanit-Kette ist eine (B_2O_7)-Gruppe, die über planare (BO_3) mit zwei gemeinsamen Sauerstoffatomen zu Ketten verbunden sind, die wiederum durch Ca^{++}-Kationen zusammengehalten werden.

Die Gerüstborate sind durch starke kovalente Bindungen sehr hart.

Name	Formel	Kristallsystem	Farbe	Härte	Dichte
Borax	$Na_2(B^{IV}{}_2B^{III}{}_2O_7)\cdot 10H_2O$	mkl	weiß	2	1,7
Ulexit	$NaCa[B^{IV}{}_3B^{III}{}_2O_6(OH)_6]\cdot 5H_2O$	tkl	farblos	2 1/2	2,0
Colemanit	$Ca(B^{IV}{}_2B^{III}{}_4O_{11})\cdot 5H_2O$	mkl	farblos	4 1/2	2,4
Hambergit	$Be_2[(OH)/BO_3]$	orh	farblos	7 1/2	2,4
Rhodizit	$(K, CS)Al_4\ Be_4(B, Be)_{12}O_{28}$	kub	weiß-grau	8	3,4
Boracit	$Mg_3ClB_7O_{13}$	kub	farblos, grau	7	2,9

Soroborate

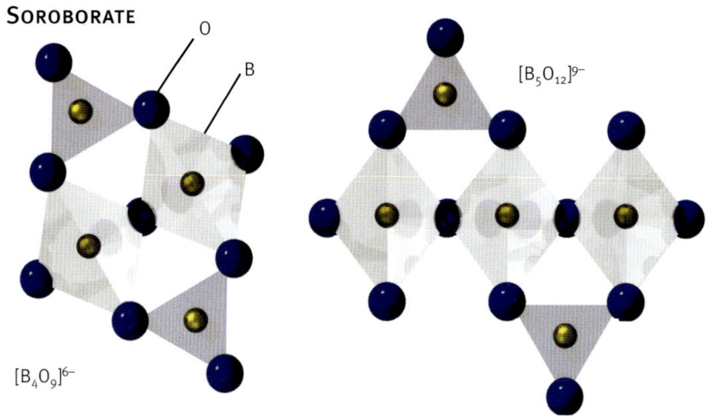

VI – Sulfate, Chromate, Tellurate, Molybdate, Wolframate

In dieser Klasse finden wir Mineralien mit dem Radikal $(XO_4)^2$, wobei X, bezogen auf das Sauerstoff-Anion O^{2-}, ein sechswertiges Kation mit geringem Durchmesser darstellt: Schwefel S^{6+} (Sulfate), Chrom Cr^{6+} (Chromate), Tellur Te^{6+} (Tellurate), Molybdän^{6+} (Molybdate) oder W^{6+} (Wolframate).

Coelestin-Geode

I – Sulfate

Etwa 250 Mineralien stellen Sulfate dar. Sie sind überwiegend weich und von geringer Dichte, mit dem Anionkomplex $(SO_4)^{2-}$. Sulfate werden danach klassifiziert, ob in ihrer Struktur Hydroxylgruppen $(OH)^-$ und Wasser H_2O vorhanden sind oder fehlen.

Name	Formel	Kristallsystem	Farbe	Härte	Dichte
Wasserfreie Sulfate					
Thenardit	$Na_2(SO_4)$	orh	weiß bis bräunlich	2 1/2	2,7
Glauberit	$CaNa_2(SO_4)_2$	mkl	grau, blassgelb, ziegelrot	2 1/2–3	2,7–2,9
Anhydrit	$Ca(SO_4)$	orh	weiß, bläulich, blass-braun-rot	3–3 1/2	2,9–3,0
Coelestin	$Sr(SO_4)$	orh	blasshimmelblau, farblos	3–3 1/2	4,0
Baryt (Schwerspat)	$Ba(SO_4)$	orh	weiß, gelb, braunrot, grün und blassblau	3–3 1/2	4,3–4,6
Anglesit	$Pb(SO_4)$	orh	farblos, gelb bis blasse Grüntöne	2 1/2–3	6,3–6,4
Wasserfreie hydroxylsulfate					
Brochantit	$Cu_4(OH)_6(SO_4)$	mkl	Grüntöne	3 1/2–4	4,0
Linarit	$PbCu(OH)_2(SO_4)$	mkl	königsblau	2 1/2	5,4
Beudantit	$PbFe_3(OH)_6(AsO_4)(SO_4)$	tri	gelb, braun, rot und grün schimmernd	4	4,3
Jarosit	$KFe_3(OH)_6(SO_4)_2$	tri	ocker, gelb, braun	2 1/2–3 1/2	3,1–3,3
Caledonit	$Pb_5Cu_2(OH)_6(CO_3)(SO_4)_3$	orh	grün-blau	2 1/2–3	6,4
Leadhillit	$Pb_4(OH)_2(CO_3)_2(SO_4)$	mkl	weiß, gelb, grün perlmuttglänzend	2 1/2	6,3–6,4
Wasserhaltige Sulfate					
Chalkanthit	$Cu(SO_4)\cdot 5H_2O$	tkl	Blautöne	2 1/2	2,1–2,3
Kröhnkit	$Na_2Cu(SO_4)_2\cdot 2H_2O$	mkl	himmelblau	2 1/2	2,1
Gips (Alabaster)	$Ca(SO_4)\cdot 2H_2O$	mkl	farblos, weiß, blass-gelb-braun	2	2,3
Wasserhaltige hydroxylierte Sulfate					
Fibroferrit	$Fe^{3+}(OH)(SO_4)\cdot 5H_2O$	orh	sehr blasses Gelb	2–2 1/2	1,9
Langit	$Cu_4(OH)_6(SO_4)\cdot H_2O$	mkl	blau-grün, blau	2 1/2–3	3,5
Cyanotrichit (Lettsomit)	$Cu4Al_2(OH)_{12}(SO_4)\cdot 2H_2O$	orh	lebhaft blau	3	2,7–2,8
Spangolith	$Cu_6Al(OH)_{12}Cl(SO_4)\cdot 3H_2O$	tri	blau-grün, grün	2 1/2	3,1
Serpierit	$Ca(Cu,n)_4(OH)_6(SO_4)_2\cdot 3H_2O$	mkl	gelb-orange, grünlich	3	2,7–2,8

2 – Tellurate

Die Tellurate sind sehr selten und nur in wenigen Mineralien enthalten.

3 – Chromate

Unter den 15 Mineralien mit $(CrO_4)^{2-}$-Anionen ist Krokoit das häufigste.

Name	Formel	Kristallsystem	Farbe	Härte	Dichte
Krokoit	$Pb(CrO_4)$	mkl	orangerot bis zinnoberrot	2 1/2–3	6,0

4 – Wolframate

Zur Gruppe der Wolframate gehören ein halbes Dutzend Mineralien mit dem Anion $(WO_4)^{2-}$. Es sind wichtige Erze.

Name	Formel	Kristallsystem	Farbe	Härte	Dichte
Scheelit	$Ca(WO_4)$	tetr	farblos, blass-gelb-braun, manchmal grünlich	4 1/2–5	5,9–6,1
Wolframit					
Ferberit	$Fe(WO_4)$	mkl	tintenschwarz	4 1/2	7,5
→→ Hübnerit	$Mn(WO_4)$	mkl	eisengrau, dunkelbraun	4 1/2	7,1
Stolzit	$Pb(WO_4)$	tetr	braun-rot, orange	3	7,9–8,1

Wulfenit

5 – Molybdate

Etwa 15 Mineralien bilden die Gruppe der Molybdate, darunter ist Wulfenit das einzige relativ verbreitete.

Name	Formel	Kristallsystem	Farbe	Härte	Dichte
Powellit	$Ca(MoO_4)$	tetr	lebhaft gelb, braun, grünlich	3 1/2	4,4
Wulfenit (Gelbbleierz)	$Pb(MoO_4)$	tetr	gelb-orange, braun-gelb, rot manchmal olivgrün	2 1/2–3	6,7–7,0

VII – Phosphate, Arsenate, Vanadate

Zu dieser Klasse zählen ungefähr 400 Mineralien einer Mohs-Härte unter 6 mit dem Anionkomplex $(XO_4)^{3+}$; dabei steht X für ein fünfwertiges Kation kleinen Durchmessers, bezogen auf das Sauerstoffanion O^{2-}: Phosphor P^{5+} (Phosphate), Arsen As^{5+} (Arsenate) und Vanadium V^{5+} (Vanadate). Klassifiziert werden sie abhängig davon, ob ihre Struktur ein Hydroxyl $(OH)^-$ und Wasser H_2O aufweist oder nicht. Üblicherweise werden die uranhaltigen Phosphate und Vanadate getrennt erfasst.

1 – Wasserfreie Phosphate

Name	Formel	Kristallsystem	Farbe	Härte	Dichte
Triphylin	$Li(Fe,Mn)(PO4)$	orh	grau-blau, grau-grün	4 1/2–5	3,4–3,6
→→ Lithiophylit	$Li(Mn,Fe)(PO_4)$	orh	lachsrosa, braun	4 1/2–5	3,4–3,6
Monazit	$(Ce,La,Y,Th)(PO4)$	mkl	braun-rot, braun-gelb	5–5 1/2	5,0–5,5

2 – Hydroxylierte oder halogenierte wasserfreie Salze

Name	Formel	Kristallsystem	Farbe	Härte	Dichte
Hydroxyl- und Halogen-Phosphate					
Brasilianit	$NaAl_3(OH)(PO_4)_2$	mkl	gelb grünlich	5 1/2	3,0
Amblygonit	$(Li,Na)Al(F,OH)(PO_4)$	tkl	farblos bis blassgelb blassblau und -grün	6	3,1
→→ Montebrasit	$(Li,Na)Al(OH,F)(PO_4)$				
Apatite	$Ca5(F,Cl,OH)(PO_4)_3$	hex	alle Farben	5	3,1–3,2
Herderit	$CaBe(OH,F)(PO_4)$	mkl	grau-weiß, gelblich harzig	5	2,8–3,0
Libethenit	$Cu_2(OH)(PO_4)$	orh	dunkelolivgrün	4	3,6–3,8
Cornetit	$Cu_3(OH)_3(PO_4)$	orh	kobaltblau	4–5	4,1
Pseudomalachit	$Cu_5(OH)_4(PO_4)_2$	mkl	grün	4 1/2–5	4,0–4,3
Lazulith	$(Mg,Fe)Al_2(OH)_2(PO_4)_2$	mkl	himmelblau bis königsblau	5 1/2–6	3,1
→→ Scorzalit	$(Fe^{2+},Mg)Al_2(OH)_2(PO_4)_2$	mkl	dunkelblau	5 1/2–6	3,1
Vauquelinit	$(Pb,Cu)_3(OH)(CrO_4)(PO_4)$	mkl	grün bis braun	2 1/2	6,0
Pyromorphit	$Pb_5Cl(PO_4)_3$	hex	gelb, braun, grün, harzig	3 1/2–4	6,5–7,1
→→ Mimetesit (Campylit, phosphorhaltig)	$Pb_5Cl(AsO_4)_3$	hex	gelb, orange, rot	3 1/2–4	7,1–7,2

Name	Formel	Kristallsystem	Farbe	Härte	Dichte
Hydroxylarsenate					
Konichalcit	$CaCu(OH)(AsO_4)$	orh	pistazien-, smaragdgrün	4 1/2	4,1
Olivenit	$(Cu,Zn)_2(OH)(AsO_4)$	orh	oliv-, lauch-, pistazien-, dunkelgrün	3	4,0–4,4
➛➛ Adamit	$(Zn,Cu)_2(OH)(AsO_4)$	orh	honiggelb, violett, grün, farblos	3 1/2	4,4
Hydroxyl- und Halogen-Vanadate					
Descloizit	$(Zn,Cu)Pb(OH)(VO_4)$	orh	dunkelbraunrot bis gelb-orange	3 1/2	5,9–6,2
➛➛ Mottramit	$(Cu,Zn)Pb(OH)(VO_4)$	orh	grün-gelb bis dunkelgrün	3 1/2	5,9–6,2
Klinoklas	$Cu_3(OH)_3(AsO_4)$	mkl	harzig dunkelgrün	2 1/2–3	4,2–4,4
Vanadinit	$Pb3Cl(VO_4)_3$	hex	rot bis gelb, rot, orange, braun	2 1/2–3	6,7–7,1

3 – Wasserhaltige Salze

Name	Formel	Kristallsystem	Farbe	Härte	Dichte
Wasserhaltige Phosphate					
Variscit (Utahlith)	$Al(PO_4)\cdot 2H_2O$	orh	apfelgrün	4	2,5
➛➛ Strengit	$Fe^{3+}(PO_4)\cdot 2H_2O$	orh	grün, rosa	3 1/2–4	2,3
Vivianit	$Fe_3(PO_4)_2\cdot 8H_2O$	mkl	farblos, oxidiert nach blau, grün, dann schwarz	1 1/2–2	2,6
Ludlamit	$(Fe,Mg,Mn)_3(PO_4)H_2\cdot 4H_2O$	mkl	grün	3 1/2	3,7
Hureaulit	$(Mn,Fe)_5[PO_2(OH)_2](PO_4)_3\cdot 4H_2O$	mkl	rosa, gelblich, braun	5	3,2
Hopeit	$Zn_3(PO_4)_2.2H_2O$	orh	farblos, grau	3 1/2	3,0
Phosphophyllit	$Zn_2(Fe,Mn)(PO_4)_2\cdot 4H_2O$	mkl	farblos bis blass-blau-grün	3	3,1

Vanadinit

Name	Formel	Kristallsystem	Farbe	Härte	Dichte
Wasserhaltige Arsenate					
Skorodit	$Fe(AsO_4)\cdot 2H_2O$	orh	mehr oder weniger dunkelgrün bis braun	3 1/2	3,3
Erythrin	$Co_3(AsO_4)_2\cdot 8H_2O$	mkl	purpur- bis pfirsichrosa	2	3,0
➛➛ Annabergit	$Ni_3(AsO_4)_2\cdot 8H_2O$	mkl	apfelgrün	2 1/2–3	3,0
Roselith	$Ca_2Co(AsO_4)_2\cdot 2H_2O$	mkl	rosa bis purpurrot	3 1/2	3,5–3,6
Saintfeldit	$Ca_5[AsO_2(OH)_2](AsO_4)_3\cdot 4H_2O$	mkl	rosa, farblos	3 1/2	3,7
Wasserhaltige Vanadate					
Cafarsit	$Ca_8(Ti,Fe^{2+},Fe^{3+},Mn)_{6-7}(As^{3+}O3)_{12}\cdot 4H_2O$	kub	braun-schwarz	6	3,8

4 – Wasserhaltige Hydroxylsalze

Name	Formel	Kristallsystem	Farbe	Härte	Dichte
Wasserhaltige Hydroxylphosphate					
Arsenisosiderit	$Ca_3Fe^{3+}{}_4(OH)_6(AsO_4)_4\cdot 3H_2O$	mkl	braun-gelb	1 1/2	3,5–3,9
Goyazit	$SrAl_3(OH)_5(PO_4)_2\cdot H_2O$	tri	farblos	4 1/2	3,2–3,3
Wavellit	$Al_3(OH)_3(PO_4)_2\cdot 5H_2O$	orh	grau bis grün-gelb	3 1/2–4	2,4
Kakoxen	$Fe_4(OH)_3(PO_4)_3\cdot 12H_2O$	hex	goldgelb, braun	3 1/2	3,4
Childrenit	$(Fe,Mn)Al(OH)_2(PO_4)\cdot H_2O$	orh	harzig gelb-braun	4 1/2–5	3,2–3,3
Türkis	$CuAl_6(OH)_8(PO_4)_4\cdot 4H_2O$	tkl	blau bis grün	5–6	2,6–2,8
Wasserhaltige Hydroxylarsenate					
Pharmakosiderit	$KFe^{3+}{}_4(OH)_4(AsO_4)_3\cdot 6\text{–}7H_2O$	kub	gelb, grün, braun	2 1/2	2,9–3,0
Pharmakolith	$Ca[AsO_3(OH)]\cdot 2H_2O$	mkl	farblos, grau	2–2 1/2	2,7
Pikropharmakolith	$Ca_4Mg[[AsO_3(OH)]_2(AsO_4)_2]\cdot 11H_2O$	tkl	weiß	2	2,6
Tyrolit	$CaCu_5(OH)_4(CO_3)(AsO_4)_2\cdot 6H_2O$	orh	blassgrün bis azurblau	1–1 1/2	3,1
Euchroit	$Cu_2(OH)(AsO_4)\cdot 3H_2O$	orh	dunkelgrün	3 1/2–4	3,4
Lirokonit	$Cu_2Al(OH)4(AsO4)\cdot 4H2O$	mkl	azurblau bis graugrün	2–2 1/2	2,9–3,0
Chalkophyllit	$Cu_{18}Al_2(OH)_{27}(SO_4)_3(AsO_4)_3\cdot 33H_2O$	tri	grasgrün	2	2,4–2,7
Legrandit	$Zn_2(OH)(AsO_4)\cdot H_2O$	mkl	gelb bis orange	4 1/2	4,0
Mixit	$Cu_6[(Bi^{3+},Fe^{3+})(OH)_6](AsO_4)_3\cdot 3H_2O$	hex	grün bis weiß	3–4	3,8

5 – Uranhaltige Phosphate und Vanadate

Name	Formel	Kristallsystem	Farbe	Härte	Dichte
Torbernit (Chalkolit)	$Cu(UO_2)_2(PO_4)_2\cdot 8\text{–}10H_2O$	tetr	grün-gelb, dunkelgrün	2–2 1/2	3,2–3,6
Autunit	$Ca(UO_2)_2(PO_4)_2\cdot 10\text{–}12H_2O$	tetr	zitronengelb bis gelbgrün	2–2 1/2	3,1
Renardit (Dewindit)	$Pb(UO_2)_4(OH)_4(PO_4)_2\cdot 7H_2O$	orh	kanariengelb	3 1/2	4,1
Novačekit	$Mg(UO_2)_2(AsO_4)_2\cdot 12H_2O$	tetr	gelb	2–2 1/2	3,2
Francevillit	$(Ba,Pb)(UO_2)_2(VO_4)_2\cdot 5H_2O$	orh	olivgrün, gelborange	3 1/2	4,4
Vanularit	$Al(UO_2)_2(OH)(VO_4)_2\cdot 11H_2O$	mkl	zitronengelb	2	3,6

VIII – Silikate

Etwa 600 Mineralien sind durch Tetraedergruppen (SiO_4) charakterisiert. Ihre Klassifizierung beruht auf der Art der Bindung dieser Gruppen. Daraus erklären sich auch die verschiedenen Kristallstrukturen.

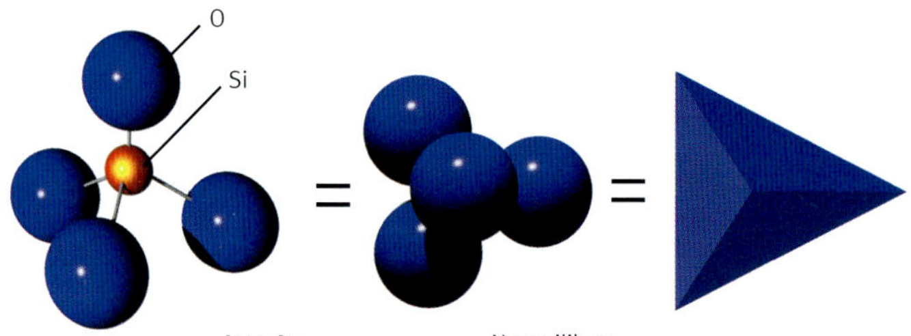

$[SiO_4]^{4-}$ Nesosilikate

I – Nesosilikate

Die Klasse der Neso- oder Inselsilikate (vom griechischen *nesos*, Insel) umfasst etwa zehn Dutzend Mineralien mit unabhängigen $(SiO_4)^{4-}$-Aniongruppen. Wegen der größeren Sauerstoffanionen O^{2-} verglichen mit den Kationen bestimmt vor allem die Art der Packung der Sauerstoffanionen die Struktur, die daher meistens eine erhöhte Symmetrie aufweist.

Nesosilikate im strengen Sinn

Die $(SiO_4)^{4-}$-Gruppen sind durch Kationen verbunden, die je nach ihrem Durchmesser von vier, sechs oder acht Sauerstoffatomen aus verschiedenen $(SiO_4)^{-}$-Anionen umgeben sind, sodass man bei diesen Mineralien je nach Koordination mehrere Gruppen unterscheiden kann.

Andalusit

a) Kation in Vierer-Koordination

Name	Formel	Kristallsystem	Farbe	Härte	Dichte
Phenakit	$Be_2(SiO_4)$	tri	farblos	7 ½–8	3,0

b) Kationen in Sechser-Koordination

Name	Formel	Kristallsystem	Farbe	Härte	Dichte
Peridot (Olivin, Chrysolith):					
➛ ➛ Fayalith	$Fe^{2+}{}_2(SiO_4)$	orh	schwarz	6 ½	4,4
➛ ➛ Forsterit	$Mg_2(SiO_4)$	orh	grün	6 ½–7	3,3
➛ ➛ Tephrit	$Mn_2(SiO_4)$	orh	fleischrot bis aschgrau	6	4,1
Willemit	$Zn_2(SiO_4)$	tri	farblos, gelb, grün rötlich bis dunkelbraun	5 ½	3,9–4,2

c) Kationen in Sechser- oder Achter-Koordination

Name	Formel	Kristallsystem	Farbe	Härte	Dichte
Granatgruppe $M^{2+}{}_3M^{3+}{}_2(SiO_4)_3$ kub					
– Almandin M^{2+} = Fe; M^{3+} = Al			ziegelrot	7	4,25
➛ ➛ Pyrop M^{2+} = Mg; M^{3+} = Al			feuerrot	7–7 ½	3,5
➛ ➛ Spessartin M^{2+} = Mn; M^{3+} = Al			rot-orange	7–7 ½	4,2
➛ ➛ Grossular M^{2+} = Ca; M^{3+} = Al			alle Farben außer Blau	6 ½	3,53
➛ ➛ ➛ Hessonit (Fe-reicher Grossular)			gelb-orange		
Andradit – M^{2+} = Ca; M^{3+} = Fe					
➛ ➛ ➛ Demantoid (mit Cr-reicher Andradit)			grün	7	3,75
➛ ➛ ➛ Melanit (schwarzer Andradit)					
Uwarowit M^{2+} = Ca; M^{3+} = Cr		kub	grün	7	3,77
Zirkon	$Zr(SiO_4)$	tetr	farblos, gelb	7 ½	4,7
Eulytin	$Bi_4(SiO_4)_3$	kub	dunkelbraun, grau, strohgelb, farblos	4 ½	6,1

Nesosubsilikate

Die $(SiO_4)^{4-}$-Gruppen sind hier von Anionen (O^{2-}, $[OH]^-$, F^-) begleitet. Die Mineralien dieser Gruppe, die Bor-Kationen (B^{3+}) oder Uran enthalten, werden getrennt behandelt.

a) Kationen in Vierer- bis Sechser-Koordination

Name	Formel	Kristallsystem	Farbe	Härte	Dichte
Euklas	$AlBe[(OH)(SiO_4)]$	mkl	farblos, blau, grün	7 ½	3,1
Topas	$Al_2[(F,OH)_2(SiO_4)]$	orh	farblos, gelb, blau, rosa	8	3,4–3,6

Alumosilikate

Die Angaben Al^{VI}, Al^{V}, Al^{IV} bezeichnen die Anzahl (6, 5 oder 4) der Sauerstoffanionen O^{2-}, die Al^{3+} umgeben.

Name	Formel	Kristallsystem	Farbe	Härte	Dichte
Sillimanit (Fibrolith)	$Al^{VI}Al^{IV}(O/SiO_4)$	orh	weiß bis braun grün, blau (Fibrolith)	6–7	3,3
Andalusit	$Al^{VI}Al^{V}(O/SiO_4)$	orh	weiß, grün, rosa, nussbraun	7 ½	3,2
➛ Chiastolith: Andalusit mit schwarzen kreuzförmigen Graphiteinschlüssen im viereckigen Querschnitt des Prismas					
Kyanit (Disthen)	$Al^{VI}Al^{VI}(O/SiO_4)$	tkl	blau, farblos	5–7 (je nach Richtung)	3,5–3,7
Staurolith	$(Fe,Mn,Zn)_2Al_9[O_6(O,OH)_2(SiO_4)_4]$	mkl	braun	7–7 ½	3,7
➛ „Bretonenkreuz", „Andreaskreuz", Zwillingskristall					
Chondrodit	$Mg_5[(OH,F)_2(SiO_4)_2]$	mkl	gelblich bis bräunlich	6–6 ½	3,2
Sphen (Titanit)	$CaTi[(O)(SiO_4)]$	mkl	gelb, grün, diamantschwarz	5–5 ½	3,52
Chloritoid	$(Fe,Mg,Mn)Al_2[O/(OH)_2/SiO_4]$	mkl	dunkelgrün	6 ½	3,5–3,6

b) Borhaltige Nesosubsilikate

Name	**Formel**	**Kristallsystem**	**Farbe**	**Härte**	**Dichte**
Datolit	$CaB^{IV}(OH/SiO_4)$	mkl	weiß, farblos, gelb, grün	3–5 1/2	2,8–3,0
Grandidierit	$(Mg,Fe)Al_3[(O)(BO_4)(SiO_4)]$	orh	bläulich grün	7 1/2	3,0
Dumortierit	$(Al,Fe)_7[O_3/(BO)_3(SiO_4)_3]$	orh	blau, blau-grün, rosa	7	3,3

c) Uranhaltige Nesosubsilikate

Name	**Formel**	**Kristallsystem**	**Farbe**	**Härte**	**Dichte**
Kasolit	$Pb[(UO_2)(SiO_4)]\cdot H_2O$	mkl	ocker bis orange, Fettglanz	4–5	5,9
Kuprosklodowskit	$Cu[(UO_2)(SiO_3OH)]_2\cdot 6H_2O$	tkl	Grüntöne	4	3,85
Uranophan (Uranotil)	$Ca(UO_2)[SiO_3(OH)]_2\cdot 5H_2O$	mkl	gelb	3	3,7

$[Si_2O_7]^{6-}$
Sorosilikate

2 – Sorosilikate

Die Klasse der Sorosilikate (vom griechischen *soros*, Haufen) oder Gruppensilikate umfasst ungefähr 85 Mineralien mit $(Si_2O_7)^{6-}$-Anionkomplexen. Diese werden aus zwei (SO_4)-Gruppen gebildet, die jeweils ein gemeinsames Sauerstoffatom verbindet. Man kann Mineralien unterscheiden, die nur $(Si_2O_7)^{6-}$, und solche, die außerdem $(SiO_4)^{4-}$-Gruppen enthalten. Die physikalischen Merkmale der Sorosilikate gleichen denen der Nesosilikate.

Mineralien, die nur (Si_2O_7) enthalten

Name	**Formel**	**Kristallsystem**	**Farbe**	**Härte**	**Dichte**
Lawsonit	$CaAl_2[(OH)_2(Si_2O_7)]\cdot H_2O$	orh	farblos bis bläulich	7 1/2	3,1
Ilvait	$CaFe^{2+}{}_2Fe^{3+}[(OH)(O)(Si_2O_7)]$	orh	schwarz	5 1/2–6	3,8–4,1
Hemimorphit (Galmei)	$Zn_4[(OH)_2/Si_2O_7]\cdot H_2O$	orh	farblos, grün, blau, blass-gelb-braun	4 1/2–5	3,4
Bertrandit	$Be_4[(OH)_2(Si_2O_7)]$	orh	farblos	6 1/2–7	2,6
Astrophyllit	$(K,Na)_3(Ca,Fe^{2+},Mn)_7(Ti,Nb,Zr)_2(OH,F)_3(Si_2O_7)_2[Si_2O_5(OH)_2]_2$	tkl	goldbraun, rot-braun	3–3	3,3

Mineralien, die (Si_2O_7) und (SiO_4) enthalten

Name	**Formel**	**Kristallsystem**	**Farbe**	**Härte**	**Dichte**
Epidot	$Ca_2(Fe^{3+},Al)Al_2[(O)(OH)(SiO_4)(Si_2O_7)]$	mkl	Grüntöne	6	3,4–3,5
➝ ➝ Piemontit	$Ca_2(Mn^{3+},Fe^{3+},Al)_2Al[(O)(OH)(SiO_4)(Si_2O_7)]$	mkl	violett		
➝ ➝ Allanit	$(Ca,Ce,Y)(Fe^{2+},Fe^{3+})Al_2[(O)(OH)(SiO_4)(Si_2O_7)]$	mkl	schwarz	5–6 1/2	3,4–4,2
Zoisit	$Ca_2Al_3[(O)(OH)(SiO_4)(Si_2O_7)]$	orh	grau, grün, gelb, rosa (Thulit), blau (Tansanit)	6	3,2–3,35
Ardennit	$Mn^{2+}{}_4Mn^{3+}Al_5[(O)_2)(OH)_2[(V,As)O_4](SiO_4)(Si_2O_7)_2]$	orh	Gelbtöne	6–7	3,6
Vesuvian (Idokras)	$Ca_{13}Al_{10}(Mg,Fe)_3[(OH,F)_{10}/(SiO_4)_{10}/(Si_2O_7)_2]$	tetr	grün bis braun, grün (Kalifornit), manchmal rosa oder gelb-braun (Xanthit) oder blau (Cyprin)	6 1/2	3,35–3,45

3 – Cyclosilikate

Die Cyclosilikate (vom griechischen *kyklos*, Ring) oder Ringsilikate bestehen aus Ringen von (SiO_4)-Tetraedern, die durch gemeinsame Sauerstoffatome zu Dreier-, Vierer- oder Sechserkreisen geschlossen sind, wonach diese gut 50 Mineralien in mehrere Subklassen eingeteilt werden. Die Silikatringe stapeln sich bei ihnen übereinander, wodurch im strukturellen Aufbau Säulen entstehen; makroskopisch ergeben sich daraus für diese Mineralienklasse charakteristische prismatische Strukturen, die bei sehr kurzen Prismen tafelig aussehen. Die Ringsilikate haben eine oft hohe Mohs-Härte und einen lebhaften Glanz.

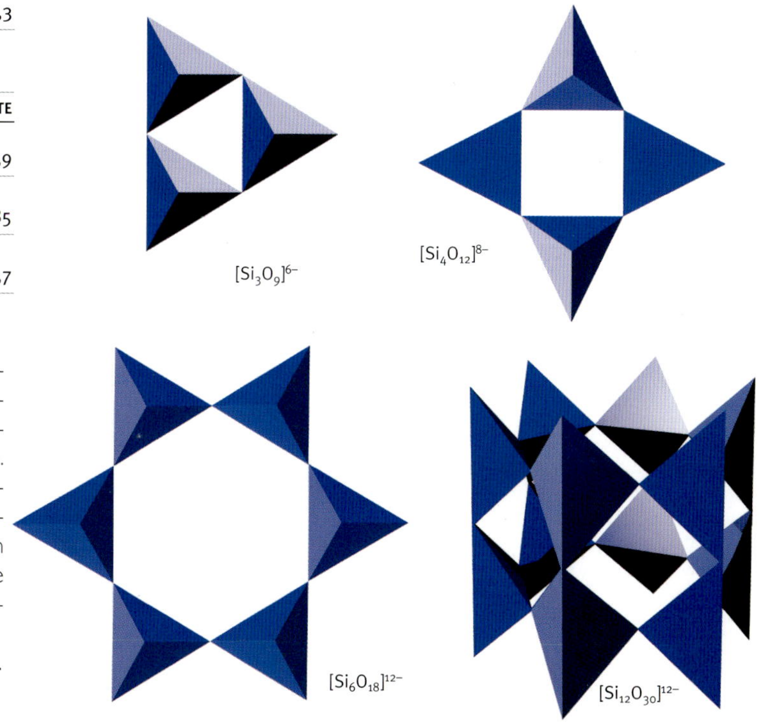

Roter Turmalin

Rosa Spodumen

Einfacher Ring aus drei (SiO_4)

Der charakteristische Anionenkomplex dieser Gruppe ist $(Si_3O_9)^{6-}$.

Name	Formel	Kristallsystem	Farbe	Härte	Dichte
Benitoit	$BaTi(Si_3O_9)$	hex	blau	6 1/2	3,7
Eudialit (Eukolit)	$(Na,Ca,Fe)_6Zr[(OH,Cl)_2(Si_3O_9)_2]$	tri	rosa bis braun-orange	5 1/2	3,0

Einfacher Ring aus vier (SiO_4)

Der charakteristische Anionenkomplex dieser Gruppe ist $(Si_4O_{12})^{8-}$.

Name	Formel	Kristallsystem	Farbe	Härte	Dichte
Axinit	$Ca_2(Fe,Mn)Al_2[(OH)(BO_3)(Si_4O_{12})]$	tkl	orange bis dunkelviolett	6 1/2–7	3,3
Neptunit	$KNa_2Li(Fe^{2+},Mn)_2Ti_2(Si_4O_{12})_2$	mkl	schwarz	5-6	3,2–3,3

Einfacher Ring aus sechs (SiO_4)

Der charakteristische Anionenkomplex dieser Gruppe ist $(Si_6O_{18})^{12-}$.

Name	Formel	Kristallsystem	Farbe	Härte	Dichte
Beryll	$BeAl_2(Si_6O_{18})$	hex	alle Farben	7 1/2–8	2,7
– blau-grün = Aquamarin (Beimischung von Fe)					
– grün = Smaragd (Beimischung von Cr und/oder V)					
– gelb = Heliodor (Beimischung von Fe)					
– rosa = Morganit (Beimischung von Mn)					
Cordierit (Iolith, Dichroit)	$(Mg,Fe)_2Al_3(AlSi_5O_{18})$	orh	blau, Pleochroismus	7–7 1/2	2,6
Turmaline	$M'M''_3Al_6[(OH)_4(BO_3)3(Si_6O_{18})]$	tri		7–7 1/2	3,0–3,2
➛ Elbait	M' = Na; M" = (Al, Li)		alle Farben (Achroit, Rubellit, Indigolit, Verdelit)		
➛ Dravit	M' = Na; M" = Mg		alle Farben, vor allem Braun		
➛ Schörl	M' = Na; M" = Fe		schwarz		
➛ Liddicoatit	M' = Ca; M" = Fe, Mg, Al, Li		rosarot		
Dioptas	$Cu_6(Si_6O_{18}).6H_2O$	tri	grün	5	3,3

Sechser-Doppelring (Abbildung Seite 217)

Name	Formel	Kristallsystem	Farbe	Härte	Dichte
Milarit	$K_2Ca_4Al_2Be_4(Si_{12}O_{30})\cdot H_2O$	hex	farblos bis gelb	6	2,6

4 – Inosilikate

Charakteristisch für die etwa 100 Inosilikate ist eine unbegrenzte Verkettung von (SiO_4)-Tetraedern durch gemeinsame Sauerstoffatome. Diese Kettenbildung kann einfach sein und sich nach der Formel $(SinO_3\ n)^{2n-}$ bilden, sodass Kettensilikate entstehen. Zwei Ketten können seitlich durch gemeinsame Sauerstoffatome verschmelzen: Dann entstehen Doppelketten, die Bandsilikate. Diese Kristallstruktur begünstigt prismatische und nadelförmige Strukturen. Die Inosilikate können Gesteine bilden, wenn sie aus verwickelten Fasern bestehen (Jade). Wenn sie in Quarz eingelagert sind, entsteht ein Flächenschiller (Falkenauge, Stierauge, Eisenauge). Inosilikate besitzen mittlere Mohs-Härte.

Kettensilikate

Jeder Kettentyp ist durch die Art der Verknüpfung seiner Glieder definiert, d.h. die Anzahl der jeweils aufeinander folgenden gleichgerichteten (SiO_4)-Tetraeder. Infolge elektrischer Abstoßung sind in den Ketten die Tetraeder gegeneinander verdreht. Es gibt Ketten mit zwei, drei, fünf, sechs und sieben Gliedern.

Kettensilikate

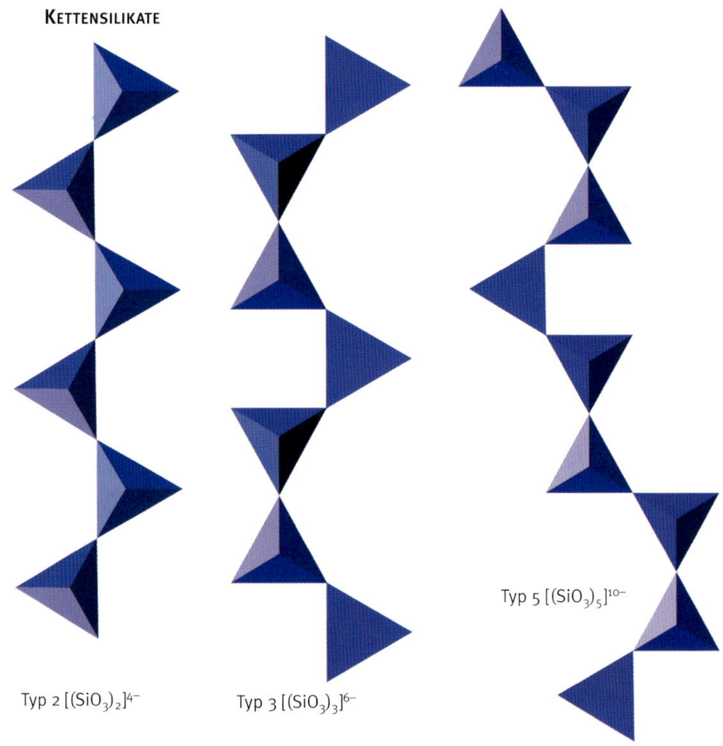

A – Ketten vom Typ zwei (Pyroxene): $[(SiO_3)_2]^{4-}$

Klinopyroxene (monoklin)

Name	Formel	Kristallsystem	Farbe	Härte	Dichte
Diopsid	$CaMg[(SiO_3)_2]$	mkl	grün, grau, manchmal farblos, gelb, blau, rötlich violett	5–6	3,3
➛ Hedenbergit	$CaFe^{2+}[(SiO_3)_2]$	mkl	dunkelgrün bis schwarz	5–6	3,5–3,6
➛ Diallag enthält Al^{3+} und Fe^{3+}					
➛ Omphazit	$(Ca,Na)(MgFe^{2+},Fe^{3+},Al)[(SiO_3)_2]$	mkl	grasgrün	5–6	3,6
➛ Augit	$Ca(Mg,Fe^{2+},Fe^{3+},Al)\{[(Si,Al)O_3]_2\}$	mkl	dunkel braun-grün, schwarz	5–6	3,0–3,6
➛ Fassait	$Ca(Mg,Fe^{3+},Al)[(Si,Al)O_3]_2]$	mkl	dunkelgrün bis pistaziengrün		
➛ Aegirin (Akmit)	$NaFe^{3+}[(SiO_3)_2]$	mkl	braun, grün	6–6 1/2	3,5–3,6
➛ Spodumen (Triphan)	$LiAl[(SiO_3)_2]$	mkl	farblos, gelb, rosa (Kunzit), grün (Hiddenit)	6–7	3,2
➛ Jadeit (Jade)	$NaAl[(SiO_3)_2]$	mkl	grün, manchmal gelb, rosa	6 1/2–7	3,4

Orthopyroxene (orthorhombisch)

Name	Formel	Kristallsystem	Farbe	Härte	Dichte
Enstatit	$Mg[(SiO_3)_2]$	orh	grau, gelb-grün, olivgrün, braun	5–6	3,1–3,3
➛ Hypersthen	$Fe^{2+}[(SiO_3)_2]$	orh	dunkel-braun-grün bis schwarz	5–6	3,4–3,5
Okenit	$Ca[SiO_2(OH)]_2\cdot H_2O$	tkl	weiß	4 1/2–5	2,3

B – Ketten vom Typ 3: $[(SiO_3)_3]^{6-}$

Name	Formel	Kristallsystem	Farbe	Härte	Dichte
Wollastonit	$Ca_3[(SiO_3)_3]$	tkl	grau-weiß	4 ½–5	2,8–2,9
Pektolith	$Ca_2Na[Si_3O_8(OH)]$	tkl	grau-weiß, rosa, „Larimar"-blau	4 ½–5	2,8–2,9
Serandit	$(Mn,Ca)_2Na[Si_3O_8(OH)]$	tkl	lebhaft rosa, lachsrosa	4 ½–5	3,3

C – Ketten vom Typ 5: $[(SiO_3)_5]^{10-}$

Name	Formel	Kristallsystem	Farbe	Härte	Dichte
Rhodonit	$Mn_5[(SiO_3)_5]$	tkl	rosa, braun, grünlich	5 ½–6 ½	3,6
Babingtonit	$Ca_2Fe^{2+}Fe^{3+}[Si_5O_{14}(OH)]$	tkl	kräftig schwarz	5 ½–6	3,4
Inesit	$Ca_2Mn_7[Si_5O_{14}(OH)]_2{\cdot}5H_2O$		orange-rosa, rosa violett	5 ½–6	3,0

Bandsilikate – Amphibole

Die Gruppe der Amphibole umfasst Bandsilikate, die durch seitliche Aneinanderlagerung von zwei Ketten des Typs 2 mittels gemeinsamer Sauerstoffatome gebildet werden. So entsteht der Anionenkomplex $(Si_4O_{11})^{6-}$.

Name	Formel	Kristallsystem	Farbe	Härte	Dichte
Tremolit	$Ca_2Mg_5[(OH)(Si_4O_{11})]_2$	mkl	weiß, grau, grün	5–6	2,9–3,1
➛ Aktinolith (Jadenephrit, Asbest)	$Ca_2(Mg,Fe)_5[(OH)(Si_4O_{11})]_2$	mkl	grün	5–6	3,0–3,5
Hornblende	$(Ca,Na)_{2-3}(Mg,Fe^{2+},Fe^{3+},Al[(OH)F/Si_3(Si,Al)O_{11}]_2$	mkl	grün, braun, tiefschwarz	5–6	3,0–3,4
Glaukophan	$Na_2Mg_2Al_3[(OH,F)[Si_4O_{11})]_2$	mkl	hellblau	6–6 ½	3,1
Riebeckit	$Na_2Fe^{2+}{}_3Fe^{3+}{}_2[(OH,F)(Si_4O_{11})]$	mkl	dunkelblau	4	3,4
➛ Krokydolith = Asbestriebeckit (Falkenauge), oxidiert goldgelb (Tigerauge)					
Plancheit (Shattuckit)	$Cu_8[(OH)_2(Si_4O_{11})]{\cdot}H_2O$	orh	blau, farblos	5 ½	3,3

Prehnit

Blättchen aus Ketten bildenden (SiO_4)-Tetraedern und (AlO_6)-Oktaedern, die durch gemeinsame Sauerstoffatome aneinander gebunden sind.

Name	Formel	Kristallsystem	Farbe	Härte	Dichte
Prehnit	$Ca_2Al_2[(OH)_2(Si_3O_{10})]$	orh	grau, gelb-grün, grün	6 ½	2,9

Blättchen aus (Si_2O_7)- und $[Si_2O_5(OH)_2]$-Gliedern die durch Titanionen zu Ketten und dann über $[(Fe,Mn)O_6]$-Oktaeder verbunden werden.

Name	Formel	Kristallsystem	Farbe	Härte	Dichte
Astrophyllit	$(K,Na)_3(Ca,Fe^{2+},Mn)_7(Ti,Nb,Zr)_2[(OH,F)_3(Si_2O_7)_2[Si_2O_5(OH)_2]_2]$	tkl	goldbraun, rotbraun	3–3 ½	3,3

Bandsilikate

Aneinanderlagerung von 2 Ketten des Typs 2 $[Si_4O_{10}]^{6-}$

Aneinanderlagerung von 2 Ketten des Typs 3$[Si_6O_{17}]^{10-}$

5 – Phyllosilikate

Unter dem Begriff Phyllosilikate (vom griechischen *phyllon*, Blatt, und daraus *tekton*, Zimmermann) werden um die 150 Mineralien zusammengefasst, deren Merkmal (SiO_4)-Tetraederschichten sind, die durch seitliches Verwachsen von Silikatbändern entstehen. Daraus resultieren je nach Kettentyp vierfach-symmetrische oder (am häufigsten) sechsfach-symmetrische Schichten, die durch verschiedene Kationen miteinander verbunden sind. Durch diese Kristallstruktur wird eine leichte Spaltbarkeit parallel zu den Tetraederschichten begünstigt; die Spaltblätter sind weich (Chlorite) und mitunter biegsam (Biotit, Muskovit), wenn die Tetraederschichten durch Alkali-Kationen (Na, K), dagegen brüchig (Margarit), wenn sie durch Erdalkali (Ca) verbunden sind. Silikatschichten, die durch mit den kleinen Magnesiumkationen verbunden werden, können sich zu Nadeln (Chrysotil) aufrollen und die faserigen Aspeste bilden.

Schichten mit tetragonaler Symmetrie

Eine tetragonal symmetrische Schicht entsteht durch seitliches Aneinanderlagern von (SiO_4)-Ketten vom Typ 3. Verbunden über gemeinsame Sauerstoffatome ergibt sich ein $(Si_4O_{10})^{4-}$-Anionkomplex.

Name	Formel	Kristallsystem	Farbe	Härte	Dichte
Apophyllit	$KCa_4[(F)(Si_4O_{10})_2]{\cdot}8H_2O$	tetr	farblos, rosa, blassgrün	4 ½–5	2,3–2,4

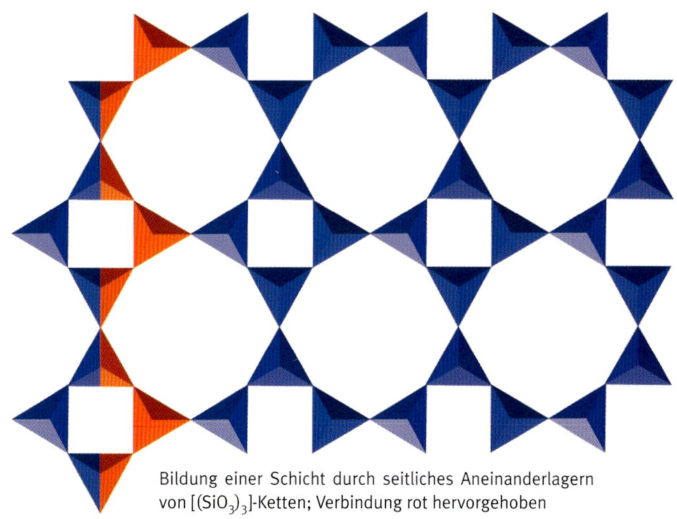

Bildung einer Schicht durch seitliches Aneinanderlagern von $[(SiO_3)_3]$-Ketten; Verbindung rot hervorgehoben

Schichten mit hexagonaler Symmetrie

Die Schichten mit hexagonaler Symmetrie entstehen durch seitliche Aneinanderlagerung von Ketten des Pyroxen-Typs (Typ 2) mittels gemeinsamer Sauerstoffatome; dadurch entsteht als Anionkomplex $(Si_4O_{10})^{4-}$.

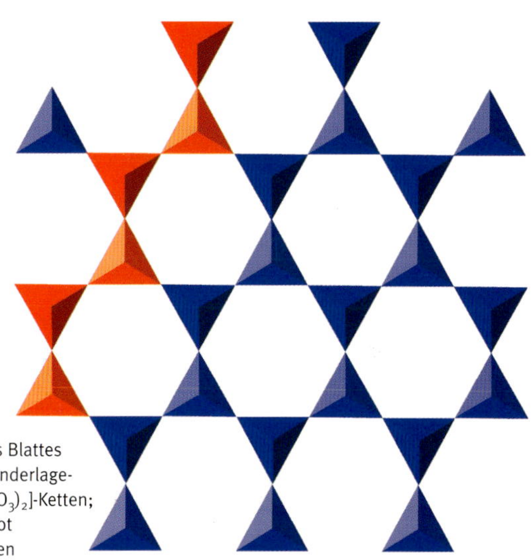

Bildung eines Blattes durch Aneinanderlagerung von $[(SiO_3)_2]$-Ketten; Verbindung rot hervorgehoben

Name	Formel	Kristallsystem	Farbe	Härte	Dichte
Pyrophyllit	$Al_2[(OH)_2(Si_4O_{10})]$	mkl	weiß, blassgrün, blau	1–1 1/2	2,8–2,9
Talk	$Mg_3[(OH)_2(Si_4O_{10})]$	mkl	weiß, apfelgrün, grau, grün-braun	1	2,7–2,8
Muskovit	$KAl_2[(OH,F)_2(AlSi_3O_{10})]$	mkl	farblos, silbergrau, blassgrün, gelb, rosa	2–2 1/2	2,7–3,0
➛ ➛ Fuchsit (chromhaltiger Muskovit)			smaragdgrün	2–2 1/2	2,7–3,0
Phlogopit	$KMg_3[(F,OH)_2(AlSi_3O_{10})]$	mkl	braun-gelb, perlmuttweiß	2 1/2–3	2,9
Biotit	$K(Mg,Fe)_3[(OH,F)_2(AlSi_3O_{10})]$	mkl	dunkelgrün, braunschwarz	2 1/2–3	2,8–3,2
➛ ➛ Manganophyllit = magnesiumhaltiger Biotit			bronzefarben bis Kupferrot		
Lepidolith	$K(Li,Al)_3[(F,OH)_2(AlSi_3O_{10})]$	mkl	lebhaft rosa, violett, blassgelb, perlmuttweiß	2 1/2–3	2,8–3,0
Zinnwaldit	$KLiFe^{2+}Al[(F,OH)_2(AlSi_3O_{10})]$	mkl	hell violett, gelb bis braun, dunkelgrau	2 1/2–4	2,8–3,3
Protovermikulit	$\{Mg_2(Mg_{0,7}Fe^{3+}{}_{0,3})[(OH)_2(AlSi_3O_{10})\}^{0,66-}/[Mg_{0,33},4H_2O]^{0,66+}$	mkl	braun bis bronzegelb	1–1 1/2	2,4
Margarit	$CaAl_2[(OH)_2(Al_2Si_2O_{10})]$	mkl	lebhaft perlmuttweiß, gelblich, grau	4	3,0–3,1
Chlorite	$(Mg,Al,Fe)_3[(OH)_2(AlSi_3O_{10})]/Mg_3(OH)_6$			2–2 1/2	2,6–3,0
Magnesiumchlorite					
➛ ➛ ➛ Klinochlor (Pennin)	$(MgAl_3)[(OH)_2(AlSi_3O_{10})]/Mg_3(OH)_6$	mkl	Grüntöne	2–2 1/2	2,7–2,8
➛ ➛ ➛ ➛ ➛ Rhipidolith = eisenhaltiger Klinochlor					
Leptochlorite (Ferri- und Ferrochlorite)					
➛ ➛ ➛ Aerinit = blauer calciumhaltiger Leptochlorit				3	3,0–3,4
➛ ➛ ➛ Chamosit	$(Fe^{2+},Fe^{3+})_3[(OH)_2(AlSi_3O_{10})]/(Fe^{3+},Mg)_3(O,OH)_6$	mkl	graugrün bis schwarz	3	3,0–3,4
➛ ➛ ➛ ➛ Thuringit	$(Fe^{2+},Fe^{3+},Al)_3[(OH)_2(Al_{1,2-2}Si2_{,8-2}O_{10})]/(Mg,Fe^{2+},Fe^{3+})_3(O,OH)_6$	mkl	pistaziengrün	3 1/2	3,35
– Chromchlorite:					
➛ ➛ ➛ Kämmererit	$(Mg,Cr)_3[(OH)_2(AlSi_3O_{10})]/Mg_3(OH)_6$	mkl	violett bis lavendelfarben, zinnoberrot	2–2 1/2	2,6–2,8
Nacrit	$Al_4[(OH)_8(Si_4O_{10})]$	mkl	weiß	2–2 1/2	2,6
Kaolinit	$Al_4[(OH)_8(Si_4O_{10})]$	tkl	weiß	2–2 1/2 bis 1	2,6
Serpentin	$Mg_6[(OH)_8(Si_4O_{10})]$	mkl	grün, braun, gelblich	3–4	2,5–2,6
Antigorit (blättriger Serpentin) Garnierit nickelhaltiger Antigorit					
Chrysotil (Asbest) (faseriger Serpentin)					
Pyrosmalith	$(Mn,Fe)_8[(OH,Cl)_{10}(Si_6O_{15})]$	tri	grau, gelb-grün, olivgrün	4	3,2
Friedelit	$Mn_8(OH,Cl)_{10}(Si_6O_{15})$	tri	dunkelrosa	4 1/2	3,1
Gyrolith (Zeophyllith)	$Ca_2(Si_4O_{10})\cdot 4H_2O$	hex	weiß, gelb-grün, braun	3–4	2,4

Hauyn (Lasurit)

6 – Tektosilikate

Etwa 100 Mineralien gehören zur Klasse der Tekto- oder Gerüstsilikate (vom griechischen *tekton*, Baumeister), die auf dreidimensionalen Konstruktionen von (XO_4)-Tetraedern beruhen, wobei X Silizium Si^{4+} sowie Aluminium Al^{3+} darstellt. Diese Mineralien enthalten große strukturelle Lücken, die von Bauteilchen verschiedener Größen besetzt werden können. Gerüstsilikate sind meist hellfarbig, ihre Dichte ist gering, ihre Mohs-Härte eher im mittleren Bereich (zwischen 5 und 6).

Aluminiumsilikate ohne fremde Anionen

Name	Formel	Kristallsystem	Farbe	Härte	Dichte
Nephelin	$KNa_3(AlSiO_4)$	hex	farblos, gelb, grün, blasse Rottöne	5 1/2–6	2,6
Analcim	$Na(AlSi_2O_6)\cdot H_2O$	kub	weiß, rosa, blassgrün	5 1/2	2,3
Leucit	$K(AlSi_2O_6)$	tetr pseudo kub	weiß, grau	5 1/2–6	2,5
Pollucit	$(Cs,Na)(AlSi_2O_6)\cdot H_2O$	kub	farblos	6 1/2	2,9
Feldspäte					
Sanidin	$(K,Na)[(AlSi)Si_2O_8]$	mkl	farblos, blassgelb	6	2,6
Orthoklas (Adular)	$K(AlSi_3O_8)$	mkl	farblos, gelb, rosa, rot	6	2,5–2,6
Mikroklin	$K(AlSi_3O_8)$	tkl	farblos, gelblich, grün-bläulich (Amazonit)	6	2,5–2,6
Hyalophan	$(K,Ba)[Al(Al,Si)Si_2O_8]$	mkl	farblos	6	2,8–3,3
Albit	$Na(AlSi_3O_8)$	tkl	farblos, blau, grün, blasse Rottöne	6	2,62
➛ ➛ Labradorit	$(Ca,Na)_{1-2}(Al_{2-1}Si_{2-3}O_8)$	tkl	farblos, gelb, Lumineszenz	6	2,62
➛ ➛ Anorthit	$Ca(Al_2Si_2O_8)$	tkl	farblos, grün, blasse Rottöne	6	2,76
Danburit	$Ca(B_2Si_2O_8)$	orh	farblos, gelb, orange	7–7 1/2	3,0

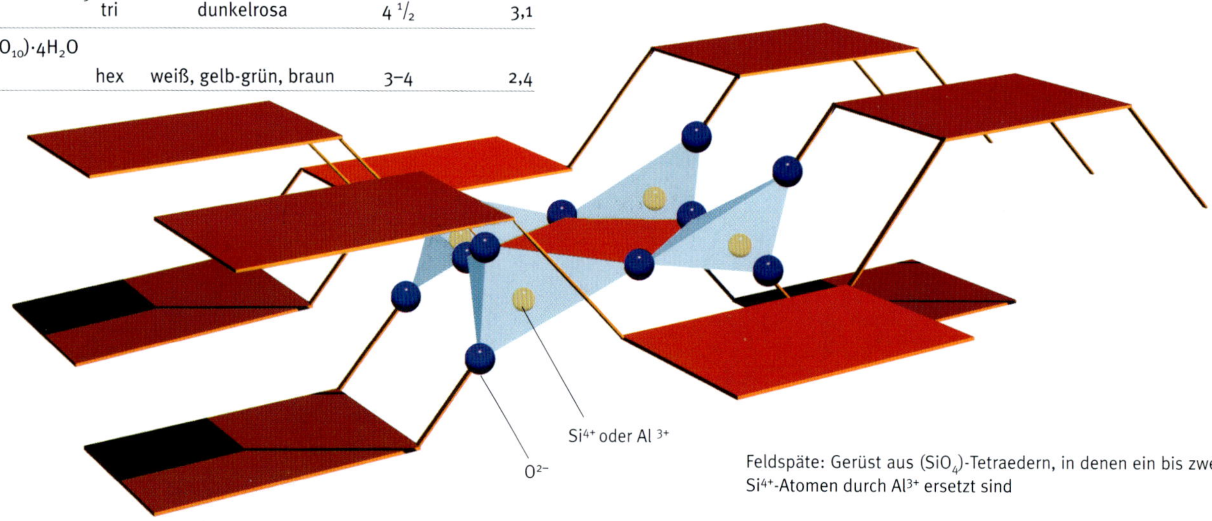

Feldspäte: Gerüst aus (SiO_4)-Tetraedern, in denen ein bis zwei von vier Si^{4+}-Atomen durch Al^{3+} ersetzt sind

Lapislazuli
Kuboktaeder-Gerüst
$[Al_6Si_6O_{24}]^{6-}$

ALUMINIUMSILIKATE MIT FREMDEN ANIONEN

LASURITE

NAME	FORMEL	KRISTALLSYSTEM	FARBE	HÄRTE	DICHTE
Sodalith	$Na_8[Cl_2(AlSiO_4)_6]$	kub	farblos, grau, gelb blau-grau, blau	5 1/2	2,2
➛➛ Hauyn	$(Na,Ca)_{8-4}[(SO_4)_{2-1}(AlSiO_4)_6]$	kub	blau, grau	5 1/2	2,5
➛➛ Lapislazuli	$(Na,Ca)_{8-4}\{[(SO_4),S,Cl]_{2-1}[AlSiO_4]_6\}$	kub	dunkelazurblau	5–5 1/2	2,4
Skapolithe (Wernerite)		tetr	weiß, alle blassen Farben		
Marialith	$Na_8[Cl_2,(SO_4),(CO_3)][AlSi_3O_8]_6]$			5	2,6
➛➛ Mejonit	$Ca_8\{[Cl_2,(SO_4),(CO_3)]_2[Al_2Si_2O_8]_6\}$			6	2,8
Sarkolith (Oxy-Skapolith)	$(Ca,Na)_8\{[O_2][Al(AlSi)Si_2O_8]_6\}$	tetr	grau, rosa	6	2,6–2,9

ZEOLITHE: ALUMINIUMSILIKATE MIT ZEOLITHWASSER

Ein starres Silizium-Aluminium-Gerüst mit nach außen weit offenen Kanälen bildet die Grundstruktur der Zeolithe; Kationen in diesen Kanälen (Ca^{2+}, Na^+ und H_2O) sorgen für den elektrischen Ausgleich im Gerüst. Das Wasser der Strukturkanäle kann je nach Luftfeuchtigkeit der Umgebung abgegeben oder wiedereingeführt werden; wegen dieser reversiblen Reaktionen kann ein Austausch verschiedener Ionen stattfinden (hauptsächlich zwischen Ca und Na), deshalb werden Zeolithe zum Enthärten des Wassers benutzt.

A – NADELFÖRMIGE ZEOLITHE

Das Gerüst besteht aus Ketten, die von einer Folge von Ringen aus vier (SiO_4)-Bauteilchen gebildet werden, welche über eine fünfte (SiO_4)-Gruppe durch gemeinsame Sauerstoffatome miteinander verbunden sind. Diese sind, wiederum durch gemeinsame Sauerstoffatome, aneinander gelagert, wodurch das Radikal $(Al_2Si_3O_{10})^{2-}$ entsteht.

NAME	FORMEL	KRISTALLSYSTEM	FARBE	HÄRTE	DICHTE
Natrolith (Mesotyp)	$Na_2(Al_2Si_3O_{10})\cdot 2H_2O$	orh	farblos, gelblich, rosa	5–5 1/2	2,2–2,3
➛➛ Skolezit	$Ca(Al_2Si_3O_{10})\cdot 3H_2O$	mkl	farblos	5–5 1/2	2,2–2,4
➛➛ Mesolith	$Na_2Ca_2(Al_2Si_3O_{10})_3\cdot 8H_2O$	mkl	farblos	5	2,3
Thomsonit	$NaCa_2[Al_2(Al,Si)Si_2O_{10}]_2\cdot 6H_2O$	orh	schneeweiß, grün, braun	5–5 1/2	2,3–2,4
Gonnardit	$(Ca,Na)_3[(AlSi)_5O_{10}]_2\cdot 6H_2O$	orh	weiß	4 1/2	2,3
Laumontit	$Ca(AlSi_2O_6)_2\cdot 4H_2O$	mkl	weiß, gelb, rot	3 1/2	2,2–2,4

B – BLÄTTCHENZEOLITHE

Das Gerüst besteht aus verkieselten Blättern, die durch gemeinsame Sauerstoffatome miteinander verbunden sind, was zum Anionenkomplex $(Al_2Si_7O_{18})^{2-}$ führt, dem des Glimmers vergleichbar.

NAME	FORMEL	KRISTALLSYSTEM	FARBE	HÄRTE	DICHTE
Heulandit	$Ca(Al_2Si_7O_{18})\cdot 6H_2O$	mkl	farblos, rot	3 1/2–4	2,2
Stilbit	$Ca(Al_2Si_7O_{18})\cdot 7H_2O$	mkl	weiß, gelb, rosa, braun	3 1/2–4	2,1–2,2

C – ISOMETRISCHE ZEOLITHE

Das Gerüst besteht aus vierzehnflächigen Polyedern oder Kuboktaedern. Durch die Verbindung hexagonaler Silizium-Aluminium-Doppelringe über gemeinsame Sauerstoffatome entsteht der Anionenkomplex $(Al_2Si_4O_{12})^{2-}$ vom Typ des Milarits (siehe Seite 217, Abb. oben).

NAME	FORMEL	KRISTALLSYSTEM	FARBE	HÄRTE	DICHTE
Chabasit	$(Ca,Na_2)(Al_2Si_4O_{12})\cdot 6H_2O$	tri	weiß, fleischfarben	4–5	2,1
Phillipsit	$KCa(Al_3Si_5O_{10})\cdot 6H_2O$	mkl	weiß, manchmal rötlich	4–4 1/2	2,2
– Harmotom	$Ba(Al_2Si_6O_{16})\cdot 6H_2O$	mkl	weiß, gelb, rot, braun	4 1/2	2,4–2,5
Gismondit	$Ca(Al_2Si_2O_8)\cdot 4H_2O$	mkl	farblos, bläulich, rötlich	4 1/2	2,3

7 – SiO_2-Modifikationen

SiO_2-Minerale ordnen manche Mineralogen in die Gruppe der Oxide ein. Doch kann man sie ebenso als ein Gerüst aus (SiO_4)-Tetraedern auffassen, deren jedes seine vier Sauerstoffatome mit den vier benachbarten verbunden hat und das das reinste Silikat darstellt.

NAME	FORMEL	KRISTALLSYSTEM	FARBE	HÄRTE	DICHTE
Quarz	SiO_2	tri u. hex	farblos, alle Farben	7	2,65
Bergkristall: farblos					
Amethyst: violett					
Citrin: gelb					
Rauchquarz: braun					
Blutstein: rot					
Quarz mit Einschlüssen: schillernd (Falken-, Tigerauge)					
Chalcedon – kryptokristallines – SiO_2			alle Farben	6–7	2,6
Gemeiner Chalcedon: grau-weiß, gelb					
Chalcedon i.e.S.: blau (selten; oft künstlich gefärbt!)					
Chrysopras: grün					
Karneol: rot					
Sarder: braun					
Onyx: schwarz					
Achat – gebänderter Chalcedon					
Jaspis – Schmuckchalcedon			alle Farben		
Lussatit (chalcedonaltiger Cristobalit)	(SiO_2)	tetr	farblos	6–7	2,3
Tridymit	SiO_2	orh	farblos	7	2,33
Opal	$SiO_2\cdot nH_2O$	amorph	alle Farben, mit oder ohne Irisieren	5 1/2–6 1/2	1,9–2,3
nicht irisierend: Gemeiner Opal (opalisierend); rosa Opal = Quincyt					
irisierend: Edelopal (schwarzer Opal, Feueropal usw.)					
Chrysokoll (kupferhaltiger Opal)	$Cu(SiO_3)\cdot nH_2O$	Krusten	blau bis blaugrün, dunkelbraun	2–4	2,0–2,4

IX – Organische Mineralien

Die organischen Mineralien sind Kohlenstoffverbindungen. Es gibt etwa 30 definierte organische Mineralienarten. Sie können einerseits als Salze organischer Säuren, andererseits als feste und harzige Kohlenwasserstoffverbindungen klassifiziert werden.

1 – Salze organischer Säuren

NAME	FORMEL	KRISTALLSYSTEM	FARBE	HÄRTE	DICHTE
Whewellit	$Ca(C2O_4)\cdot H_2O$	mkl	farblos	2 1/2–3	2,2
Mellit	$Al_2[C_6(COO)_6]\cdot 18H_2O$	tetr	wachsgelb	2–2 1/2	1,5–1,65

2 – Harze

NAME	FORMEL	KRISTALLSYSTEM	FARBE	HÄRTE	DICHTE
Bernstein	pflanzliche KW-Verbindung (ca. 78 % C, 10 % H, 11 % O, Spuren von S)	amorph	honiggelb bis braun	1 1/2–3	1,08

REGISTER

Bildnachweis

Alle Fotografien stammen von Hervé Chaumeton, außer auf den folgenden Seiten:

S. 7: Berthoule/NATURE (Mitte); **S. 9: 3** Berthoule/NATURE, **7–8–9** Asselborn/NATURE, J.-P. Poirot (oben links und rechts); **S. 10:** Asselborn/NATURE (unten Mitte rechts, unten rechts); **S. 12–13: 2–3–4** Asselborn/NATURE; **S. 14–15: 1** Asselborn/NATURE, **4** Berthoule/NATURE; **S. 16–17: 1–2–5–6–7** Asselborn/NATURE; **S. 18–19: 1–8** Asselborn/NATURE, **9** NATURE; **S. 20–21: 6** Asselborn/NATURE; **S. 22–23: 2** NATURE, **3** Asselborn/NATURE; **S. 24–25: 5–6–7** Asselborn/NATURE, **12** Lanceau/NATURE; **S. 26–27: 1** NATURE; **S. 28–29: 2–3–7–9** Asselborn/NATURE; **S. 30–31: 3–6–8** Asselborn/NATURE, **5** Berthoule/NATURE; **S. 32–33: 2** Asselborn/NATURE; **S. 34–35: 1–2–4–6** Asselborn/NATURE; **S. 36–37: 1** Berthoule/NATURE, **2–6** Asselborn/NATURE; **S. 38–39: 2–3–4–5–6–7** Asselborn/NATURE; **S. 40–41: 2–3–6–7–8** Asselborn/NATURE; **S. 42–43: 1–3–4–7–8** Asselborn/NATURE; **S. 44–45: 1** Berthoule/NATURE, **3–4** Asselborn/NATURE; **S. 46–47: 1–6** Asselborn/NATURE, **4–7–8** Berthoule/NATURE, **5** Lanceau/NATURE; **S. 48–49: 5–9** Asselborn/NATURE; **S. 50–51: 2** Asselborn/NATURE; **S. 52–53: 4–7** Asselborn/NATURE; **S. 54–55: 2–8** Asselborn/NATURE; **S. 56–57: 3–5–7–10** Asselborn/NATURE; **S. 58–59: 2–4–7–8** Asselborn/NATURE, **5** Berthoule/NATURE; **S. 60–61: 1–2** Asselborn/NATURE; **S. 64–65: 1–2–6–7** Asselborn/NATURE; **S. 66–67: 1** Lanceau/NATURE, **2–3–8** Asselborn/NATURE; **S. 68–69: 1–3–6** Asselborn/NATURE; **S. 70–71: 1–3–5** Asselborn/NATURE; **S. 72–73: 2–3–4–6** Asselborn/NATURE; **S. 74–75: 2–6–8–9** Asselborn/NATURE, **3–4–5–10** Berthoule/NATURE; **S. 76–77: 1–5** Berthoule/NATURE; **S. 78–79: 3–5–6–7–8–9** Asselborn/NATURE; **S. 80–81: 3–5–10** Asselborn/NATURE ; **S. 82–83: 3–6** Berthoule/NATURE; **S. 84–85: 2** Berthoule/NATURE, **3–6** Asselborn/NATURE; **S. 86–87: 2** Lanceau/NATURE, **5** Asselborn/NATURE, **6** Berthoule/NATURE; **S. 88–89: 2–4–7** Berthoule/NATURE; **S. 90–91: 1–4** Asselborn/NATURE; **S. 92–93: 1–4** Asselborn/NATURE, **5** Sauer/NATURE; **S. 94–95: 2–3** Berthoule/NATURE, **5–6** Asselborn/NATURE; **S. 96–97: 2–5–6** Asselborn/NATURE; **S. 98–99: 1** Bignon/NATURE, **2** Asselborn/NATURE; **S. 100–101: 1–2–4–5–7** Asselborn/NATURE; **S. 102–103: 7** Berthoule/NATURE; **S. 104–105: 1–3–4–6** Berthoule/NATURE, **2–7** Asselborn/NATURE; **S. 106–107: 2–4–8** Asselborn/NATURE, **3** Berthoule/NATURE; **S. 108–109: 1** Asselborn/NATURE, **5** Lanceau/NATURE, **6** NATURE; **S. 110–111: 1** Asselborn/NATURE; **S. 112–113: 1–2–3–6** Asselborn/NATURE; **S. 114–115: 1–2–3** Asselborn/NATURE; **S. 116–117 : 1–7** Asselborn/NATURE, **5** Berthoule/NATURE; **S. 118–119: 2–3** Asselborn/NATURE; **S. 120–121: 2–7** Asselborn/NATURE; **S. 122–123: 1–6** Berthoule/NATURE, **5–7** Asselborn/NATURE; **S. 124–125: 1–3–5–6** Asselborn/NATURE; **S. 126–127: 2–5** Asselborn/NATURE; **S. 128–129: 2–3–4–6–7** Asselborn/NATURE; **S. 130–131: 2–3–4–5–6** Asselborn/NATURE; **S. 132–133: 1–2–5–9–10** Asselborn/NATURE; **S. 134–135: 1–2–3–4–5–7** Asselborn/NATURE; **S. 136–137: 1–3** Asselborn/NATURE; **S. 138–139: 1–2–3–4–6–7–8** Asselborn/NATURE; **S. 140–141: 1–2–4–5–6** Asselborn/NATURE; **S. 142–143: 3–4–5** Asselborn/NATURE; **S. 144–145: 1–6–7** Asselborn/NATURE; **S. 146–147: 1–6** Asselborn/NATURE; **S. 148–149: 2–3–4–5–6** Asselborn/NATURE; **S. 150–151: 1** Berthoule/NATURE, **2–4–6** Asselborn/NATURE; **S. 152–153: 3–5** Asselborn/NATURE; **S. 154–155: 2–3–6–8** Asselborn/NATURE; **S. 156–157: 1–2–3–4–5** Asselborn/NATURE, **6** Lanceau/NATURE; **S. 158–159: 3–4–5–7** Asselborn/NATURE; **S. 160–161: 2–4–5–7** Asselborn/NATURE, **6** Berthoule/NATURE; **S. 162–163: 6** Asselborn/NATURE; **S. 164–165: 2–3–4–5** Asselborn/NATURE; **S. 166–167: 1–4** Berthoule/NATURE, **2–3–6–7** Asselborn/NATURE; **S. 168–169: 5–6** Asselborn/NATURE; **S. 170–171: 1** Asselborn/NATURE, **2–5** Berthoule/NATURE,; **S. 174–175: 3–4** Asselborn/NATURE; **S. 176–177: 3–4** Asselborn/NATURE; **S. 178–179: 3–4–7** Asselborn/NATURE; **S. 180–181: 5–8** Asselborn/NATURE; **S. 182–183: 1–2–5–7** Asselborn/NATURE, **4** Berthoule/NATURE; **S. 184–185: 2–7** Asselborn/NATURE; **S. 186–187: 3–4** Asselborn/NATURE; **S. 188–189: 2–5** Asselborn/NATURE; **S. 190–191: 4** Asselborn/NATURE; **S. 192–193: 1–8** Berthoule/NATURE ; **S. 194–195: 2** Asselborn/NATURE, **7–8** Berthoule/NATURE; **S. 198–199: 6** NATURE; **S. 204–205: 2–3–5–7** Asselborn/NATURE; **S. 206–207:** Alle Fotos stammen von J.-P. Poirot, außer **18** und **19** von Kenneth Scarrat.